教孩子学编程
（Python语言版）

TEACH YOUR KIDS TO CODE

[美] Bryson Payne 著　李军 译

人民邮电出版社

北京

图书在版编目（CIP）数据

教孩子学编程：Python语言版 /（美）佩恩
(Payne，B.) 著；李军译. —— 北京：人民邮电出版社，
2016.3（2022.9重印）
ISBN 978-7-115-41634-6

Ⅰ. ①教… Ⅱ. ①佩… ②李… Ⅲ. ①软件工具—程
序设计 Ⅳ. ①TP311.56

中国版本图书馆CIP数据核字(2016)第029201号

版权声明

内 容 提 要

Python 是一种解释型、面向对象、动态数据类型的高级程序设计语言。这门强大的语言如今在
大学和 Google、IBM 等大型技术公司广泛使用。

本书是一本父母和老师教孩子使用 Python 进行基础程序设计和解决问题的入门图书。本书通过
科学合理的结构、通俗易懂的文字、活泼有趣的图示，帮助孩子学习计算机的思维方式，而可视化
和游戏为主的例子则持续吸引读者的注意力。针对变量、循环、函数等编程基础概念的介绍，可以
帮助最年轻的程序员构建所需的技能，以制作自己的超酷的游戏和应用。每章末尾的编程挑战，则
可以拓展读者地思维，巩固所学习的知识和技能。

本书适合任何想要通过 Python 学习编程的读者，尤其适合父母、老师、学生，以及想要理解计
算机编程基础知识的未成年人阅读学习。

◆ 著　　　　［美］Bryson Payne
　　译　　　　李　军
　　责任编辑　陈冀康
　　责任印制　张佳莹　焦志炜

◆ 人民邮电出版社出版发行　　北京市丰台区成寿寺路 11 号
　　邮编　100164　电子邮件　315@ptpress.com.cn
　　网址　http://www.ptpress.com.cn
　　北京九州迅驰传媒文化有限公司印刷

◆ 开本：720×960　1/16
　　印张：16.75　　　　　　　　2016 年 3 月第 1 版
　　字数：302 千字　　　　　　　2022 年 9 月北京第 43 次印刷
　　著作权合同登记号　　图字：01-2015-7472 号

定价：69.90 元
读者服务热线：(010)81055410　印装质量热线：(010)81055316
反盗版热线：(010)81055315

作者简介

Bryson Payne 博士是北乔治亚大学计算机科学系的一位终身教授。他在大学负责教授有志成为程序员的学生长达 15 年的时间。他的学生在 Blizzard Entertainment、Riot Games、Equifax、CareerBuilder 等众多公司，都开启了成功的职业生涯。他是北乔治亚大学的计算机科学的首任系主任，并且他从乔治亚州立大学获得了计算机科学博士学位。此外，他持续与 K-12 学校合作，以推动科技教育工作。

Payne 博士从事编程工作长达 30 多年。他销售的第一个程序在 1985 年 RUN 杂志（Commodore 64）的"Magic"专栏上，售价为 10 美元。

Payne 和妻子 Bev，以及两个儿子 Alex 和 Max，居住在乔治亚州的亚特兰大。

插图者简介

Miran Lipovac 是 Learn You a Haskell for Great Good！一书的作者。他喜欢拳击、演奏低音吉他，当然，还喜欢画画。他痴迷于骷髅舞和数字 71。当经过自动门的时候，他总是假装实际上是用自己的意念打开了门。

技术评阅者简介

Ari Lacenski 是一位 Android 应用程序和 Python 软件开发者。她居住在旧金山。她在 http://gradlewhy.ghost.io/ 撰写的有关 Android 编程的文章，担任 Women Who Code 的导师，并且用吉他演奏关于太空海盗的歌曲。

对本书的赞誉

本书内容清晰、配图很吸引人，并且App也很惊人。这是父母和孩子一起学习的编程指南。

——Aaron Walker，NASA网络安全专家

在本书中，作者投入了自己的精力和兴奋，使用彩色的、吸引人的游戏和图形，帮助读者掌握现实的技能。

——Bindy Auvermann，Next Generation Youth Debelopment公司执行总监

易于学习的5星好书，帮助读者打下坚实的基础以进一步阅读高级编程图书。

——James Floyd Kelly，GeekDad

为一种美妙的、未来会快速改变世界的技术，提供了构建基础。

——JoAnne Taylor，IBM Global Telecommunications前副总裁

本书中的概念能够帮助任何年轻人扩展自己的大学视野和职业机会。

——Dr. Raj Sunderraman，佐治亚州立大学计算机系主任

每个孩子和每一个父母都应该阅读本书。

——James E. Daniel, Jr.，App Studios公司创始人

富有新意的、激动人心的学习指南。构建的技能令人受益终生。

——Dr. Steven Burrell，佐治亚南方大学信息技术副总裁和CIO

我在孩童时代就想要拥有的那种书。

——Scott Hand，CareerBuilder软件工程师

作者是一位计算机科学家和教授，通过本书，他把计算机的能力以年幼的读者和较大的读者易于理解的方式进行讲解。

——Dr. Antonio Sanz Montemayor，西班牙Rey Juan Carlos大学信息学教授

引人入胜、富有想象的App和宝贵的终身技能的美妙组合。

——Ted Cunningham，The Power of Home 的作者

本书及其引入的逻辑思考帮助构建了下一代的技术领导力。

——N. Dean Meyer，作者和执行教练

本书可以让你的孩子在高科技的世界里赢在起跑线上。

——Ken Coleman，The Ken Coleman Show前电台主持人和领导力作者

作者让我们上路并引领我们走向梦想的职业。本书中，他为父母和教师提供了机会培育下一代的创新和问题解决者。

——Shah 和 Susan Rahman，Riot Games

作者帮助人们提高自己的技术水平。他的书也起到了这样的作用。

——Ash Mady，RedHat 公司技术经理

对于父母和孩子来说，同样有趣和好读。

——Steve McLeod，北佐治亚大学副 CIO

本书很直白，你可以很容易地把本书递给小学高年级的学生或更大的孩子，并让他们自学。比我的树更加适合暑假培训。

——Mel Ford，BlogHer

配图令人印象深刻，游戏很有趣，并且讲解很清晰而有指导性。

——Sandra Henry-Stocker，ITworld

前　言

什么是编程，为什么编程很适合孩子

　　计算机编程是每个孩子都应该学习的一项重要技能。我们使用计算机解决问题，玩游戏，帮助我们更有效地工作，执行重复性的任务，存储和查找信息，创建新的内容，同时与我们的朋友和世界联系。理解如何编写代码，将会把这一切力量付诸于我们的指尖。

　　每个人都能够学习编程，这就像是求解一个谜题或一个谜语。你可以应用逻辑，尝试一种解决方案，更多地试验一下，然后解决问题。开始学习编程的时机就是现在！我们处在一个前所未有的历史时期，在此之前，人们不可能像我们今天一样，通过计算机每天都和另一个人联系。我们生活在一个充满了很多新的可能性的世界，从电动汽车和机器人保姆，到甚至能快递包裹和比萨饼的无人机。

　　如果你的孩子今天开始学习编程，他们能够帮助定义这个快速改变的世界。

孩子为什么应该学习编程

学习计算机编程有很多很好的理由，但是，我认为最重要的有以下两点：

- 编程很有趣；
- 编程是一种宝贵的工作技能。

编程很有趣

技术正在成为日常生活的一部分。每一家公司、慈善组织和事业都能够从技术中获益。还有一些App可以帮助你购买、转赠、加入、玩乐、充当志愿者、联系和分享，甚至做你能够想象到的任何事情。

你的孩子是否想要构建他们自己喜欢的电子游戏的关卡？编程可以做到！创建他们自己的手机应用怎么样？他们可以通过在自己的计算机上编程，把想法带到生活中。他们曾经见过的每一个程序、游戏、系统或者App，都可以使用他们在本书中学习的、相同的编程构建模块来编码。当孩子编程的时候，他们在技术中扮演主角，不仅能享受乐趣，而且会创造乐趣。

编程是一项宝贵的工作技能

编程是21世纪的技能。今天的工作比以往需要更多的问题解决能力，而且越来越多的职业把技术当作不可或缺的一部分。美国劳工统计局预计，在未来的5年内，大约会创造出800万个技术职位。在《2014–2015 Occupational Outlook Handbook》（2014–2015就业前景手册）中，70%的增长最快、不需要硕士或博士学位的职业都分布在计算机科学或信息技术（IT）领域。

孩子该从哪里学习编程

本书只是一个开端。还有很多地方可以学习编程，如Code.org、Codecademy（如图1所示）这样的Web站点，还有数不尽的其他站点教授各种从基础到高级编程的必备编程语言知识。一旦你和孩子一起学完这本书，他们就可以自己通过EdX、Udacity和Coursera这样的Web站点进一步拓展他们的学习。

"编程俱乐部"是一种和朋友们快乐学习的美妙方式。获得相关领域的大学学位，仍然是为职业做好准备的最好方式，但是，现在即便大学也不是唯一的选择，你的孩子今天可以就开始构建一份编程简历并且展示他们作为程序员和问题解决者的技能。

图 1　Codecademy 教你如何使用各种语言一步一步地编程

如何使用本书

本书不只是针对孩子的，它也针对父母、老师、学生以及想要理解计算机编程基础知识的成年人，同时针对那些享受乐趣并想在高科技经济中获取一份新的职业的人。不管多大年龄，你都可以把握学习编程基础的好时机。做到这一点的最好的方式，就是体验并操作。

探索

如果你想要尝试新事物的话，学习编程会令你兴奋。你和你的孩子可以参照本书中的程序，尝试修改代码中的数字和文本，看看程序会发生什么变化。即便把程序搞坏了，还可以通过修改它而学到一些新的东西。最坏的情况下，不过是重新录入书中的示例，或者打开最近保存的能够工作的版本。

学习编程的要点在于，尝试一些新东西，学习一项新技能并且以新的方式解决问题。通过修改一些内容、保存程序、运行程序，看看发生了什么，并且修改错误，从而测试你自己的代码。

例如，我编写了一些代码来进行彩色的绘制（如图2所示），然后返回，在这里或那里修改一些数字并且尝试再次运行程序。这使得我得到了一幅完全不同但令人惊讶的画。我再次返回去，修改另一些数字并且得到另一幅美丽的、独特的图画。尝试玩玩，看看你能做些什么？

图 2　通过在一个程序的一行代码中尝试 3 个不同的值得到 3 幅彩色的螺旋线图画

一起实践

　　尝试代码是学习程序如何工作的一种很好的方式，而且，如果你和其他人一起工作的话，甚至会更加有效。不管你是教一个孩子或学生学习，还是自学，没有什么比和别人一起操作代码更有趣了，这甚至会更有效率。

　　例如，在音乐教育的铃木教学法中，父母和孩子一起参加课程，甚至比孩子学习得更快一点儿，以便能够在课程中帮助孩子。尽早开始，是铃木教学法的另一个特征，孩子在3岁或4岁的时候就可以开始正式学习。

　　当我的两个儿子两岁和4岁的时候，我开始教他们编程并且鼓励他们通过修改每个程序的较小的部分来获得乐趣，例如颜色、形状以及形状的大小。

　　在13岁的时候，我通过录入图书中的例子，然后再修改它们做一些新的事情，从而学习编程。现在，在我所教授的计算机科学课程中，我常常给学生一个程序并鼓励它们修改代码来构建一些新的东西。

　　如果你使用本书自学，可以找一个朋友和你一起研究本书中的例子，或者开始参加一个业余或社区编程俱乐部（参见 http://coderdojo.com/ 或 http://www.codecademy.com/afterschool/），从而可以和其他人一起学。编程也是一项团队运动。

在线资源

　　本书中的所有的程序文件都可以通过http://www.epubit.com.cn获取，包括编程挑战的一些示例解决方案以及其他的信息。下载程序并体验，以便学习更多内容。如果你遇到困难，可以使用示例解决方案，查看它们。

编程 = 解决问题

    不管你的孩子是两岁还在学习数数，还是22岁了在寻求新的挑战，本书以及它所介绍的概念，都是一项回报丰厚、激励人心的消遣活动，而且能带来更好的职业机会。能够编程并且由此能够快速而有效地解决问题的人，在今天的世界里是宝贝，他们会去做有趣的、有成就感的工作。并非世界上所有的问题都能够用技术来解决，但是，技术能够以以前无法想象的规模和速度来支持交流、协作、了解和行动。如果你能够编程，你就能够解决问题。问题解决者有能力使得世界变得更美好，因此，今天就开始编程吧！

目　录

第 1 章
Python 基础——认识环境

　　如今，几乎任何东西之中都有一个计算机，例如电话、汽车、手表、电子游戏机、跑步机、贺卡或者机器人。计算机编程或编码，就是要告诉计算机如何执行一项任务，因此，理解如何编写代码，可以将计算机的能力控制在你的指间。

计算机程序，也叫作应用程序（applications或App），它告诉计算机做什么。Web App可以告诉计算机如何记录你喜欢的音乐；游戏App告诉计算机如何用逼真的图像显示一个古代的战场；一个简单的App可以让计算机绘制出如图1-1所示的类似六边形的、漂亮的螺旋线。

图 1-1 彩色的螺旋图形

一些App由数千行代码组成，而另一些App可能只有几行代码的长度，例如，图1-2所示的NiceHexSpiral.py程序。

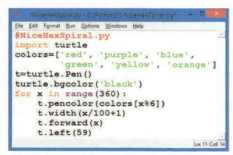

图 1-2 一个简短的 Python 程序 NiceHexSpiral.py 绘制出如图 1-1 所示的螺旋线

这个简短的程序绘制了图1-1所示的彩色螺旋线。我想要使用一幅漂亮的图片作为本书的示例，因此，我决定使用一个计算机程序来解决这个问题。首先，我进行大概的构思，然后开始编写代码。

在本章中，我们将下载、安装并学习使用一些程序，这些程序可以帮助我们编写代码，来构建所能想象出的任何的App。

1.1 认识 Python

要开始编写代码，必须讲计算机的语言。计算机需要按部就班的指令，而且它们只能够理解特定的语言。就像俄国人可能不懂英语一样，计算机只能够理解为它们而制定的语言。

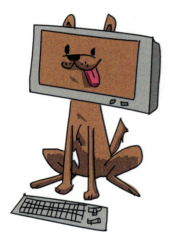

计算机代码使用诸如Python、C++、Ruby或JavaScript这样的编程语言来编写。这些语言允许我们和计算机"对话"并且向它们发布命令。不妨想一下我们如何训练一只狗，当我们说"坐下"的时候，它蹲着；当我们说"叫"的时候，它叫两声。这只狗理解了这些简单的命令，但是，你所说的其他的大多数话，它就不懂了。

类似的，计算机也有局限性，但是，它们确实能够执行你用它们的语言发布的指令。本书中，我们将使用Python语言，这是一种简单而强大的编程语言。在高中和大学，Python作为计算机科学课程的入门课来教授，而且，Python用于运行世界上一些最强大的App，包括Gmail、Google Maps和YouTube。

要开始在计算机上使用Python，我们需要经过下面这3个步骤。

（1）下载Python。
（2）在计算机上安装Python。
（3）使用一两个简单的程序测试Python。

1）下载 Python

Python是免费的，我们可以很容易地从Python的Web站点获取，如图1-3所示。

我们用Web浏览器访问https://www.python.org/，将鼠标指针悬停在上方的Downloads菜单上并且点击以Python 3开头的按钮。

2）安装 Python

找到已经下载的文件（它可能在Downloads文件夹中）并双击它，我们来运行并安装Python和IDLE编辑器。IDLE是我们用来录入和运行Python程序的一个程序。要了解它的详细安装说明，我们可以参见本书的附录A。

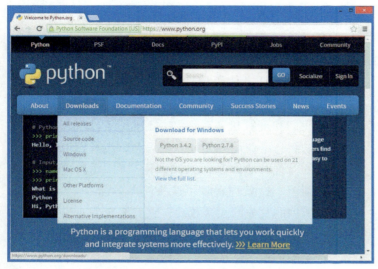

图1-3　从Python Web站点可以很容易地下载Python

3）用一个程序测试Python

我们在Start菜单或Applications文件夹下，找到IDLE程序并运行它。你将会看到如图1-4所示的一个基于文本的命令行窗口。这个命令行窗口叫作Python shell。shell是一个窗口或界面，它允许用户输入命令或者代码行。

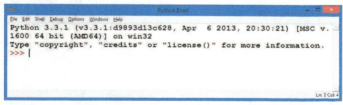

图1-4　IDLE Python shell——我们学习Python的命令中心

"\>\>\>"叫作提示符，它表示计算机准备好接受你的第一条命令。计算机问你想要让它做什么，例如输入如下代码。

```
print("Hello, world!")
```

按下键盘上的回车键，你应该会看到Python shell打印出了引号中的文本，这些文本是你输入到圆括号中的，也就是"Hello, world!"。好了，你已经编写完第一个程序了!

1.2　用 Python 编写程序

通常，你想要编写的程序都多于一行代码，因此，Python带有一个编辑器，用来编写较长的程序。在IDLE中，打开"File"菜单并选择"File->New Window"或"File->New File"，会弹出一个空白的屏幕，其顶部带有一个Untitled标题。

让我们用Python编写一个稍微长一点儿的程序，在这个新的空白窗口中，输入如下3行代码。

```
# YourName.py
name = input("What is your name?\n")
print("Hi, ", name)
```

第1行代码叫作注释。注释以一个井号开头（#），它是程序的提示，运行时计算机会忽略它。在这个示例中，注释只是提示我们程序的名称是什么。第2行要求用户输入自己的名字并且将其存储为name。第3行代码打印出"Hi,"，后面跟着用户的名字。注意，这里有一个逗号（,），它将引号中的文字"Hi,"和name分隔开。

1.3　运行 Python 程序

打开程序上方的菜单中的Run选项并且选择Run->Run Module，这将会运行（或执行）程序中的指令。首先会要求你保存程序，让我们将该文件命名为YourName.py，这就会让计算机将该程序保存为一个名为YourName.py的文件，而".py"部分表示这是一个Python程序。

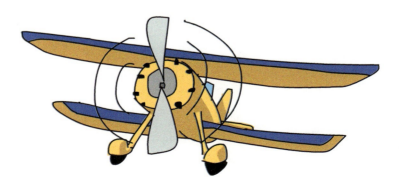

当保存了文件并运行它的时候，你将会看到Python shell窗口启动程序，显示了"What is your name?"这个问题。在下一行中输入你的名字并按下回车键，程序将会打印出"Hi,"，后面跟着你所输入的名字。因为你要求程序做的就是这些，程序将会结束，而且，你将会再次看到">>>"提示符，如图1-5所示。

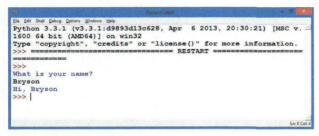

图1-5　计算机知道我的名字

对于年龄较小的初学者，例如，我3岁的儿子，向他们解释这个程序是让他们输入自己的名字，这是一件很有趣的事情。Max知道自己的名字的字母，因此，他在键盘上输入m-a-x，当我告诉他程序对他说Hi, max的时候，他很喜欢这个程序。问一下你身边的小读者，他是否想要让程序说一些不同的话。Max想让它说"Hello,"，因此，我编辑了程序的第3行，让它说Hello而不是Hi。

然后，我将第3行修改为以下格式。

```python
print("Hello, ", name, name, name, name, name)
```

当程序用"Hello, max max max max max"回答他的时候，Max很高兴。尝试修改程序的第2行和第3行，让计算机询问不同的问题，并且打印出不同的回答。

1.4　本章小结

学习编写代码就像是学习走迷宫、猜谜语或者玩脑筋急转弯。你从一个问题开始，应用所知道的信息，同时一路获知新的东西。当你完成的时候，你锻炼了大脑并且解决了问题。希望你能够乐在其中。

在本章中，我们解决第一个主要的问题：在计算机上安装了Python编程语言，以便能够开始编写代码。这很容易，我们只需要下载文件，安装文件并运行它。

在后面的各章中，我们将学习如何使用代码解决问题。我们首先从一个简单的可视化的谜题开始，例如在计算机屏幕上（或者平板电脑或手机的屏幕上）绘制形状，然后，搞清楚如何创建诸如猜数字、Rock-Paper-Scissors和Pong这样的简单游戏。

通过在前几个程序中打下的这些基础，我们可以开始继续编写游戏、移动App、Web App以及更多内容。

现在，我们应该：

- 有了完全能够工作的Python编程环境和文本编辑器；
- 能够直接将编程命令输入到Python shell中；
- 能够在IDLE中编写、保存、运行和修改较短的程序。
- 准备好尝试第2章中更加高级、有趣的程序。

1.5 编程挑战

在每一章的最后，我们可以通过尝试一些挑战来练习所学的内容，甚至创建一个更酷的程序。

#1：Mad Libs

简单的YourName.py App具备了构建更为有趣的程序所需的所有内容。（例如，老式的Mad Libs单词游戏，如果你以前没有尝试过这种游戏，请访问http://www.madlibs.com。）

我们来修改YourName.py程序并将其保存为MadLib.py。我们将要求用户输入一个形容词、一个名词以及一个过去式的动词（而不是输入用户的名字）并将其存储到3个不同的变量中，就像我们在最初的程序中对名字所做的那样，然后，打印出诸如"形容词+名词+动词+ over the lazy brown dog"的一个句子。做完这些修改之后，代码如下所示。

MadLib.py

```
adjective = input("Please enter an adjective: ")
noun = input("Please enter a noun: ")
verb = input("Please enter a verb ending in -ed: ")
print("Your MadLib:")
print("The", adjective, noun, verb, "over the lazy brown dog.")
```

我们可以输入任何想要的形容词、名词和动词。当保存并运行MadLib.py之后，我们应该会看到如下所示的内容（我已经输入了smart、teacher和sneezed）。

```
>>>
Please enter an adjective: smart
Please enter a noun: teacher
Please enter a verb ending in -ed: sneezed
Your MadLib:
The smart teacher sneezed over the lazy brown dog.
>>>
```

#2: More Mad Libs!

让我们把Mad Lib游戏变得更有趣一些。我们打开MadLib.py的一个新的版本并将其保存为MadLib2.py，添加另外的一个输入行，要求输入一种动物。然后，我们从打印的语句中删除单词dog并且在引用的句子的末尾添加这个新的animal变量（在打印的语句之中这个新的变量之前，添加一个逗号）。如果你愿意，可以再次修改句子。最终会得到"The funny chalkboard burped over the lazy brown gecko"，或者其他更为有趣的句子。

第 2 章

海龟作图——用 Python 绘图

在本章中，我们将编写简短的、简单的程序来创建漂亮的、复杂的视觉效果。为了做到这一点，我们可以使用海龟作图软件。在海龟作图中，我们可以编写指令让一个虚拟的（想象中的）海龟在屏幕上来回移动。这个海龟带着一只钢笔，我们可以让海龟无论移动到哪都使用这只钢笔来绘制线条。通过编写代码，以各种很酷的模式移动海龟，我们可以绘制出令人惊奇的图片。

使用海龟作图，我们不仅能够只用几行代码就创建出令人印象深刻的视觉效果，而且还可以跟随海龟看看每行代码如何影响到它的移动。这能够帮助我们理解代码的逻辑。

2.1 第一个海龟程序

让我们使用海龟作图来编写第一个程序。在一个新的IDLE窗口中输入如下的代码并将其保存为SquareSpiral1.py（你也可以通过http://www.nostarch.com/teachkids/下载该程序以及本书中的所有其他的程序）。

SquareSpiral1.py

```python
# SquareSpiral1.py - Draws a square spiral
import turtle
t = turtle.Pen()
for x in range(100):
    t.forward(x)
    t.left(90)
```

当运行这段代码的时候，我们会得到一幅漂亮整齐的图片（如图2-1所示）。

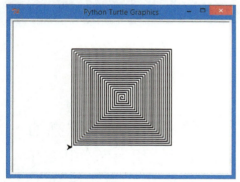

图 2-1　用简短的 SquareSpiral1.py 程序创建的一个炫目的正方形螺旋线

2.1.1 程序是如何工作的

让我们一行一行地分析这个程序，看看它是如何工作的。SquareSpiral1.py 的第1行是注释。正如我们在第1章中所学过的，注释以一个井号（＃）开头。注释允许我们在程序中写入给自己或以后可能阅读该程序的其他人一些提示。计算机不会阅读或试图理解井号之后的任何内容；注释只是让我们写出关于程序是做什么的一些说明。在这个例子中，我们将程序的名称以及针对其做什么的一个简单说明放入到注释之中。

第2行导入（import）了绘制海龟图形的功能。导入已经编写过的代码，这是编程工作的最酷的事情之一。如果我们编写了一些有趣并有用的程序，可以将其与其他的人分享，同时也可以自己重用它。尽管海龟作图最初源自20世纪60年代的Logo编程语言[1]，但一些很酷的Python程序员构建了一个库（library，库就是可以重用的代码的一个集合），来帮助其他程序员在Python中使用海龟作图。当我们输入了import turtle，就表示我们的程序能够使用那些Python程序员所编写的代码。图2-1中的小的黑色箭头表示海龟，它在屏幕上移动的时候会使用钢笔绘图。

程序的第3行是t = turtle.Pen()，它告诉计算机，我们将使用字母t表示海龟的钢笔。这使得我们只需要录入t.forward()，而不是turtle.Pen().forward()，就可以让海龟在屏幕上移动的时候用海龟的钢笔进行绘制。字母t是告诉海龟做什么的一种快捷方式。

第4行最为复杂。在这里，我们创建了一个循环（loop），它重复一组指令很多次（一次又一次地循环这些代码行）。这个特定的循环设置了一个范围（range，或列表），其中拥有从0～99的100个数字（计算机几乎总是从0开始计数，而不是像我们通常那样从1开始）。在该循环中，字母x遍历了范围中的每一个数字。因此，x从0开始，然后变为1，然后是2，依次类推，直到99，一共100个步骤。

x叫作变量（variable）[2]（在第1章中的YourName.py程序中，name就是变量）。变量存储了在程序进行的过程中可以修改（变化）的一个值。我们在所编写的几乎每一个程序中，都要使用变量，因此，早点认识变量为好。

接下来的两行代码缩进了，或者说，在左边留出了空格。这意味着，它们位于该循环之中（in the loop）并且和上面的那一行代码一起，每次x从0～99的范围中获取一个新的数字的时候，这些代码行都会重复，直到达到100次。

---

[1] Logo 编程语言创建于 1967 年，这是一种教育编程语言，在 50 年之后的今天，它仍然用来教授基本的编程。这很酷，是不是？

[2] 小读者可能会把 x 当作未知数，就像当他们求解 x + 4 = 6 以求得未知的 x 一样。年龄大一点的读者可能会通过代数课或其他的数学课程认识 x，早期的程序员正是从代数和数学中借用了变量的概念。编写代码的过程中会有很多数学的典型例子，我们甚至会在后面见到一些很酷的几何示例。

2.1.2　发生了什么

让我们看看Python初次读取这一组指令的时候发生了什么。命令t.forward(x)让海龟的钢笔在屏幕上向前移动x个点。因为x是0，钢笔根本不会移动。最后一行代码t.left(90)让海龟向左转90°，或者说转四分之一个圈。

由于这个for循环，程序继续运行并且回到了循环的开始位置。计算机加1后将x移动到范围中的下一个值，因为1仍然位于从0～99的范围中，循环继续。现在x是1，因此，钢笔向前移动1个点。然后，钢笔向左旋转90度，因为代码是t.left(90)。这样一次一次地继续执行，当x到达99，即循环的最后一次迭代，钢笔围绕着正方形螺旋线的外围画了一条长长的线条。

下面我们随着x从0增加到100，将循环的每一步可视化地表示出来。

```python
for x in range(100):
    t.forward(x)
    t.left(90)
```

🐢 循环0到4：绘制了前4条线（在x = 4之后）。

🐢 循环5到8：绘制了另外4条线；正方形出现了。

🐢 循环9到12：正方形螺旋线变为了12条线（3个正方形）。

计算机屏幕上的点或像素可能太小了，以至于我们无法很好地看到它们。但是，随着x变得越来越接近100，海龟绘制的线条包含了越来越多的像素。换句话说，当x变得越来越大，t.forward(x)绘制的线条越来越长。屏幕上的海龟箭头，绘制一会儿，然后向左转，再绘制一会儿，再向左转，这样一次又一次地绘制，每次线条都变得越来越长。

最后，我们有了一个炫目的正方形形状。连续4次向左转90°，就可以得到一个正方形，就像是围绕一栋建筑连续4次左转的话，将会带着我们绕建筑转一圈并且回到起点一样。

在这个示例中，我们之所以得到一个螺旋线，是因为每次左转的时候，都走得更远一点。绘制的第一个线条只是1步长（x = 1的时候），然后是2（循环的下一次迭代），然后是3，然后是4，以此类推，直到达到100步长，这时候，线条的长度为99像素。再一次强调下，屏幕上的像素可能太小了，以至于我们无法很容易地看到单个的点，但是，它们是存在的，而且我们会看到随着程序包含更多的像素，线条会变得越来越长。

通过完成所有的90°角的旋转，我们得到了完美的正方形。

2.2　旋转的海龟

让我们看看当修改了程序中某一个数值的时候，会发生什么？学习和程序相关的新知识的一种方法是，当我们修改其某一个部分的时候，看看发生了什么。我们不会总是得到一个很好的结果，但是，即使是某些地方出错的时候，我们也能学到东西。

我们只是将程序的最后一行修改为t.left(91)，将其保存为SquareSpiral2.py。

SquareSpiral2.py

```python
import turtle
t = turtle.Pen()
for x in range(100):
    t.forward(x)
    t.left(91)
```

我们提到了向左转90°会创建一个完美的正方形。每次向左转的比90°多一点点的话（在这个例子中，是91°），会将正方形略微向外抛出一点点。由于我们进行下一次旋转的时候，已经偏离了一点点，随着程序继续进行，新的图形越来越不像是一个正方形。实际上，它创建了一个开始向左旋转的、漂亮的螺旋形，就像是楼梯一样，如图2-2所示。

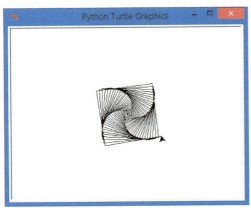

图2-2　正方形螺旋线程序略作修改后变成了一个螺旋形的楼梯

这也是一个漂亮的图形，可以帮助我们理解如何只略微修改一个数字，就显著地改变程序的结果。1°似乎并不是一个很大的偏差，除非我们偏离1°

100次（这加起来就是100°），或者1000次，或者，如果我们使用的是飞机着陆程序……

如果还不知道度是如何工作的，现在先不要担心，我们只要尝试修改数字，看看发生了什么就好了。我们通过修改range后面的圆括号中的值，让程序绘制的线条数达到200或500，或者50。

我们再尝试将最后一行的角度修改为91、46、61或121等。记住每次都保存程序，然后，我们运行它，看看所做的修改会如何影响到程序的绘制。年龄大一点的读者了解一些几何知识，可能会根据不同的角度看到一些熟悉的形状，甚至能够在程序运行之前根据角度来预测出形状。较小的读者则只能够感受修改带来的变化，等他们某一天上了几何课之后，可以再回头来看这个练习。

2.3 海龟画圆

说到几何，海龟作图可以绘制很多有趣的形状，而不只是直线。我们将在2.4节中再次回到正方形，但现在，让我们来更多地了解一下Python Turtle库。

我们再来修改一行代码：t.forward(x)。我们在前面看到了这条命令或函数，它将海龟的钢笔向前移动x个像素并且绘制一条笔直的线段；然后，海龟转向并且再次绘制。如果我们修改这行代码来绘制更为复杂一点的图形，例如圆，那会怎么样呢？

好在，绘制一个固定大小（或半径）的圆的命令，和绘制一条直线的命令一样简单。我们将t.forward(x)修改为t.circle(x)，如下面的代码所示。

CircleSpiral1.py

```python
import turtle
t = turtle.Pen()
for x in range(100):
    t.circle(x)
    t.left(91)
```

哦，将一条命令从t.forward修改为t.circle，会得到一个复杂得多的形状，如图2-3所示。t.circle(x)函数让程序在当前位置绘制了一个半径为x的圆。注意，这个绘制和简单的正方形螺旋线有一些相同点：它也有4组圆形的螺旋线，就像是正方形的螺旋线有4个边一样。这是因为我们使用t.left(91)命令，每次向左旋转都将超过90° 一点点。如果我们学习过几何就知道，围绕一个点转一圈有360°，就像是一个正方形有4个90°的角（4×90 = 360）。海龟通过每次围绕图形旋转的比90°多一点点，从而绘制出这个螺旋线的形状。

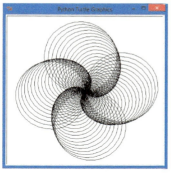

图 2-3　只需在改动一点就得到一组漂亮的 4 个螺旋线的圆

我们将会看到的一个区别是，圆形螺旋线比正方形螺旋线要大一些，实际上，大约是前者两倍那么大。这是因为t.circle(x)使用x作为圆的半径，而这是从圆心到边缘的距离，大概是圆的宽度的一半。

半径为x意味着，圆的直径，也就是说总的宽度是x的两倍。换句话说，t.circle(x)绘制的圆，当x等于1的时候，总宽度为2个像素；当x为2的时候总宽度为4个像素；按照这种方式，直到x等于99的时候，其宽度为198个像素。这几乎是200个像素宽了，或者说是正方形边最大的时候的两倍，因此，圆螺旋线看上去是正方形螺旋线的两倍的大小，当然，也会加倍的酷！

2.4　添加颜色

这些螺旋线的形状不错，但是，如果它们能够更多彩一些，是不是更酷呢？让我们回到正方形螺旋线代码，在t = turtle.Pen()这一行的后面再添加一行代码，从而将钢笔颜色设置为红色。

SquareSpiral3.py

```python
import turtle
t = turtle.Pen()
t.pencolor("red")
for x in range(100):
    t.forward(x)
    t.left(91)
```

运行该程序，我们将会看到正方形螺旋线的一个更多色彩的版本，如图2-4所示。

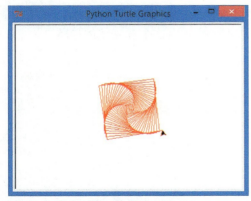

图 2-4　正方形螺旋线变得更多彩一些了

我们尝试用另一种常用的颜色（如"blue"或"green"）来替换掉"red"或"green"并且再次运行该程序。我们可以通过 Turtle 库使用数百种不同的颜色，包括一些奇怪的颜色，如"salmon"和"lemon chiffon"（访问 http://www.tcl.tk/man/tcl8.4/TkCmd/colors.htm 可以查看完整的列表）。让整个螺旋线呈现一种不同的颜色是很不错的一步，但是，如果想要让每一边都显示一种不同的颜色，我们该怎么办呢？这需要对程序做一些更多的修改。

2.4.1　一个四色螺旋线

让我们来考虑一下算法（algorithm）。算法就是一系列的步骤，它可以将单色的螺旋线变为 4 色的螺旋线。大多数的步骤和之前的螺旋线程序中相同，但是，这里还增加了一些调整：

（1）导入 turtle 模块并且设置一个海龟；

（2）告诉计算机应该使用何种颜色；

（3）设置一个循环，绘制螺旋线中的 100 条线段；

（4）为螺旋线的每一边选取一种不同的钢笔颜色；

（5）向前移动海龟以绘制每一边；

（6）将海龟向左转，以准备好绘制下一边。

首先，我们需要颜色名称的一个列表，而不是单个的颜色，因此，我们要创建一个名为 colors 的列表变量并且在列表中放置 4 种颜色，如下所示。

```
colors = ["red", "yellow", "blue", "green"]
```

这个 4 种颜色的列表，将会针对正方形的每一边给出一种颜色。注意，我们将颜色的列表放在了方括号"["和"]"之间。这里要确保引号中的每一种颜色名都像我们在第1章中打印出来的单词一样，因为这些颜色名都是字符串（string）或文本值，这是我们稍后要传递给pencolor函数的值。正如前面所提到的，我们使用一个名为colors的变量来存储4种颜色的列表。因此，任何时候，当想要从列表中获取颜色的时候，我们都要使用colors变量来表示钢笔的颜色。记住，变量存储的值是变化的，这正如同其名称一样，变量嘛。

我们需要做的下一件事情是，每次遍历绘制循环的时候修改钢笔颜色。为了做到这一点，我们需要将t.pencolor()函数移入到for循环下的一组指令之中，还需要告诉pencolor函数，我们想要使用列表中的哪一种颜色。

我们输入如下的代码并运行它。

ColorSquareSpiral.py

```
import turtle
t = turtle.Pen()
colors = ["red", "yellow", "blue", "green"]
for x in range(100):
    t.pencolor(colors[x%4])
    t.forward(x)
    t.left(91)
```

4种颜色的列表起作用了，我们在这个运行的示例中看到了它们（如图2-5所示）。到目前为止，一切还不错。

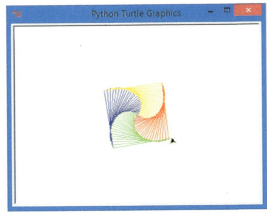

图 2-5　正方形螺旋线程序的一个更加多彩的版本

pencolor 函数中唯一的新增部分是（colors[x%4]）。这条语句中的 x 和我们在程序中其他地方所使用的x是同一个变量，因此，x将持续从0 ~ 99增加，就像我们前面所见到的那样。圆括号中的colors变量名告诉Python，从我们在程序前面所添加的、名为colors的颜色名称列表中选取一种颜色。

[x%4]告诉Python我们将使用colors列表中的前4种颜色，即编号从0 ~ 3的颜色并且每当x变化的时候就遍历它们。在这个例子中，我们的颜色列表只有4种颜色，因此，我们需要一次又一次地遍历这4种颜色。

```
colors = ["red", "yellow", "blue", "green"]
            0        1        2       3
```

[x%4]中的"%"叫作取模操作符（modulo operator），表示一次除法运算中的余数（remainder）（5÷4商1余1，因此，5可以包含4一次并且还剩下1；6÷4余2，以此类推）。当我们想要遍历列表中一定数目的项时，例如我们对4种颜色列表所做的操作，取模操作符很有用。

在100步中，colors[x%4]将遍历4种颜色（0、1、2和3，分别表示红色、黄色、蓝色和绿色）整整25次。如果我们有时间（并且有一个放大镜），可以数一数图2-5中有25条红色的、25条黄色的、25条蓝色的和25条绿色的线段。第1次遍历绘制循环的时候，Python使用列表中的第一种颜色，红色；第2次遍历的时候，它使用黄色，以此类推。第5次遍历循环的时候，Python又回过头来使用红色，然后是黄色，等等；每通过循环4次之后，总是又回过头来使用红色。

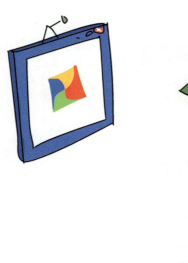

2.4.2　修改背景颜色

让我们再次加入一点内容，创造出比图2-5更漂亮一些的内容。正如我5岁的儿子Alex所指出来的那样，黄色部分太难以识别出来了。这就像是在白色的绘画纸上使用黄色的蜡笔一样，屏幕上的黄色像素无法在白色背景上明显地显示出来。让我们把背景颜色修改为黑色，来修正这个问题。我们在程序中的import行之后的任何位置，输入如下的代码行。

```
turtle.bgcolor("black")
```

添加这一行之后，图片更加漂亮，所有的颜色现在都处在一个黑色的背景之上。注意，海龟钢笔（在程序中由变量t表示）没有任何变化。相反，我们修改了海龟屏幕的一些内容，也就是背景颜色。turtle.bgcolor()命令允许我们将整个绘制屏幕修改为Python中指定的任何颜色。在turtle.bgcolor（"black"）这一行中，我们选择了黑色作为屏幕颜色，因此，红色、黄色、蓝色和绿色都显示得很好。

此外，我们可以将循环中的range()修改为200甚至更大，以使得螺旋线中的正方形更大。在黑色背景上显示200个线段的新版本的图片，如图2-6所示。

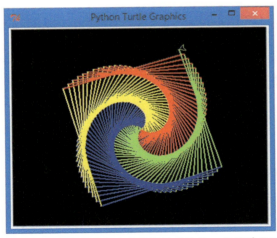

图 2-6　螺旋线程序的路还很长（这是一个简单的开始）

Alex总是想帮助我的程序变得更为惊人，他要求再做一项修改：如果现在把线段替换为圆，那会怎么样呢？那会不会是最酷的图片呢？好吧，我必须承认，这甚至会更酷。完整的代码如下所示。

```python
import turtle
t = turtle.Pen()
turtle.bgcolor("black")
colors = ["red", "yellow", "blue", "green"]
for x in range(100):
    t.pencolor(colors[x%4])
    t.circle(x)
    t.left(91)
```

我们可以在图 2-7 中看到结果。

图 2-7　Alex 的惊人的圆螺旋线—— 一共 8 行代码，简单而优雅

2.5　一个变量搞定一切

到目前为止，我们已经使用变量来修改颜色、大小以及螺旋线形状的旋转角度。让我们再添加一个 sides 变量，来表示形状的边数。这个新的变量如何改变我们的螺旋线呢？如果要搞清楚这一点，我们尝试这个新的程序 ColorSpiral.py。

ColorSpiral.py

```python
import turtle
t = turtle.Pen()
turtle.bgcolor("black")
# You can choose between 2 and 6 sides for some cool shapes!
sides = 6
colors = ["red", "yellow", "blue", "orange", "green", "purple"]
for x in range(360):
    t.pencolor(colors[x%sides])
    t.forward(x * 3/sides + x)
    t.left(360/sides + 1)
    t.width(x*sides/200)
```

我们可以将 sides 的值从 6 改为 2（1 个边并不是很有趣，也不能使用太大的数字，除非我们在程序的第6行中的列表中，添加更多的颜色），然后保存该程序并且可以运行任意多次。图2-8展示了用sides=6、sides=5，一直到sides=2所创建的图像，其中sides=2的图像很奇怪，这就是图2-8（e）所显示的扁平的螺旋线。我们可以改变列表中的颜色的顺序，也可以在绘制循环之中的任意函数中，使用较大一些或较小一点的数字。如果把程序给搞乱了，我们只需要返回到最初的ColorSpiral.py程序重新来玩就好了。

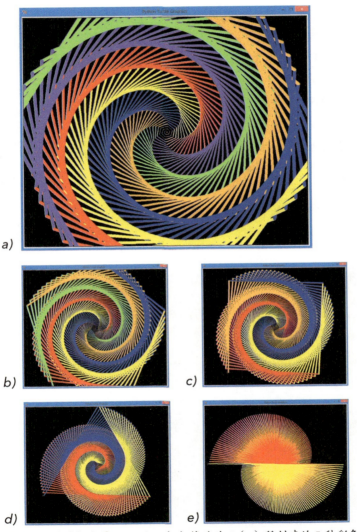

图2-8　通过把变量 sides 从 6（a）修改为 2（e）所创建的 5 种彩色的形状

ColorSpiral.py程序使用了一条新的命令t.width()，它修改了海龟钢笔的宽度。在我们的程序中，随着钢笔绘制的形状越来越大，钢笔变得越来越宽（其线条变得更粗）。在第3章和第4章，我们学习创建程序所需的其他技能的时候，还会再次遇到这个程序以及其他类似的程序。

2.6　本章小结

在本章中，我们使用Turtle库的工具绘制了令人印象深刻的彩色形状。我们使用import命令把这个库导入到自己的程序中，同时了解到，以这种方式来重用代码是编程的最强大的功能之一。一旦编写了有用的内容，或者借用某些人慷慨分享的代码，我们不仅能够节省时间，而且能够使用这些导入的代码做全新的事情。

我们还介绍了程序中像x和sides这样的变量。这些变量存储或记住一个数字或值，以便我们能够在程序中多次使用它，甚至修改其值。在第3章中，我们将学习变量的作用以及Python如何能够帮助你完成数学作业。

现在，我们应该能够做如下这些事情：

- 用Turtle库绘制简单的图形；
- 使用变量来存储简单的数值和字符串；
- 在IDLE中修改、保存和运行程序。

2.7　编程挑战

尝试这些挑战以练习我们在本章中所学习的知识（如果遇到困难，可以访问http://www.nostarch.com/teachkids/ 寻找示例解答）。

#1：修改边数

在ColorSpiral.py程序中，我们使用了一个变量sides，但是我们并没有改变它或修改其值，只是再次编辑、保存和运行程序。我们尝试将sides的值改为另一个数字，例如5，保存并运行程序，看看这会对绘制有何影响；现在，试一试4、3、2甚至是1。现在，我们在程序的第6行，向颜色列表中添加两种或更多的颜色，颜色名用引号括起来，用逗号隔开。我们可以增加sides的值，来使用这些新的颜色，尝试一下8或者10甚至更大。

#2：有多少边

　　如果想要在程序运行的时候由用户来决定边数，我们该怎么做呢？使用我们在第1章中学习的内容，可以让用户输入边数并且将其存储到sides变量中。唯一额外的步骤是，计算（evaluate）用户所输入的数字。我们可以使用eval()函数得到用户输入的数字，如下所示。

```
sides = eval(input("Enter a number of sides between 2 and 6: "))
```

　　我们使用前面这一行，替换掉ColorSpiral.py中的sides = 6这一行。新的程序将会问用户想要看到有多少个边。然后，程序将绘制用户所要求的形状。尝试一下！

#3：橡皮筋球体

　　我们尝试将ColorSpiral.py程序修改为一个更大的角度，而且通过在绘制循环的末尾添加一个额外的转向来扭曲形状。我们在for循环的末尾添加诸如t.left(90)的一行，使得角度更加尖锐（记住缩进，或者说留下空格，以保证该语句位于循环之中）。结果如图2-9所示，看上去像是一个几何玩具，或者是用彩色的橡皮筋制作的球体。

图2-9　在ColorSpiral.py程序的每一轮循环中添加一个额外的90°将其变为RubberBandBall.py程序

　　我们把这个新的版本保存为RubberBandBall.py，或者访问http://www.nostarch.com/teachkids/并且在Chapter2的源代码中找到该程序。

第 3 章

数字和变量——用 Python 做数学运算

我们已经用 Python 做了一些真正有趣的事情，例如，利用区区几行代码生成彩色的图片，但是，我们的程序还是有局限性。我们只是运行它并看着它产生图片。如果想要和 Python 程序交互，我们该怎么办呢？在本章中，我们将学习如何让 Python 询问用户的名字，甚至帮助用户做数学作业。

3.1 变量——保存内容的地方

在第1章和第2章中，我们使用了几个变量（你可能还记得，第1章的第一个程序中的name和第2章中的x和sides）。现在，我们来看看变量到底是什么以及它们是如何工作的。

变量（variable）是我们希望在程序运行的时候计算机能够记住的内容。当Python"记住"某些内容的时候，它会将这些信息存储在计算机的内存中。Python可以记住几种类型的值（value），包括数字（例如，7、42甚至98.6）和字符串（字母、符号、单词、句子，或者我们能够在键盘上输入的任何内容）。在Python中，和在大多数现代编程语言中一样，我们使用等号（＝）给一个变量赋值。像x = 7这样的赋值操作，告诉计算机记住数字7，并且当我们在任何时候使用x都将7返回给我们。我们还使用等号将键盘字符的一个字符串分配给一个变量；只要记住用引号（"）把字符串括起来，如下所示。

```
my_name = "Bryson"
```

这里，我们将值"Bryson"分配给了变量my_name。括住"Bryson"的引号告诉我们，这是一个字符串。无论何时，当我们想要将一个值赋给一个变量的时候，先写出变量的名称，放在等号的左边，然后在等号的右边写出值。我们命名变量的方式是，简单地描述其内容（例如，my_name中存储了我的名字），以便很容易记住它们并且在程序中使用。在为变量命名的时候，我们需要记住几条规则。

首先，变量名总是以字母开头。其次，变量名中剩下的字符必须是字母、数字或者下划线符号（_）；这意味着，我们不能在变量名中使用空格（例如，my name将会给出一个语法错误，因为Python认为你列出了两个变量，这两个变量用空格隔开）。第三，Python中的变量名是区分大小写的（case sensitive），这意味着，如果在变量名中采用全部小写字母（例如abc），那么，只有按照完全相同的方式（用相同的大小写）录入变量名的时候，才能够使用该变量中存储的值。例如，要使用abc中的值，必须写为abc；不能使用ABC这样的大写字母。因此，

My_Name 和 my_name 是不同的，而 MY_NAME 也是一个不同的变量。在本书中，我们的变量名称都采用小写字母，单词之间用 _ 符号隔开。

我们来尝试一个程序，它使用了一些变量。在新的 IDLE 窗口中输入如下的代码并且将其保存为 ThankYou.py。

ThankYou.py

```python
my_name = "Bryson"
my_age = 43
your_name = input("What is your name? ")
your_age = input("How old are you? ")
print("My name is", my_name, ", and I am", my_age, "years old.")
print("Your name is", your_name, ", and you are", your_age, ".")
print("Thank you for buying my book,", your_name, "!")
```

当运行该程序的时候，我们告诉计算机记住 my_name 是"Bryson"并且 my_age 是 43。然后，我们要求用户（运行该程序的人）输入自己的名字和年龄并且告诉计算机将这些输入记为变量 your_name 和 your_age。我们使用 input() 函数告诉 Python，我们想要让用户用键盘输入一些内容。在程序运行的过程中，输入到程序中的信息，叫作输入（Input）；在这个例子中，输入就是用户的名字和年龄。圆括号中的引号括起来的部分（"What is your name?"）叫作提示符，因为它提示或者询问用户一个需要他们输入的问题。

在最后 3 行代码中，我们让计算机打印出 my_name 和其他 3 个变量中存储的值。我们甚至使用了 your_name 两次，计算机正确地记住了所有的内容，包括用户所输入的部分。

该程序记住了我的名字和年龄，要求用户输入他们的名字和年龄并且为他们打印出一条消息，如图 3-1 所示。

图 3-1 带有 4 个变量并输出它所创建的变量的一个程序

3.2 Python 中的数字和数学运算

计算机很善于记住值。我们可以在同一程序中成百上千次地使用相同的变量，只要我们正确地编写变量，计算机总是能够给出正确的值。计算机还善于执行计算（加法、减法等）。计算机每秒钟能够执行10亿（1 000 000 000，或者说一千个一百万）次计算。

这比我们自己用大脑计算数字要快很多，尽管在某些任务上我们比计算机更擅长，但在比赛快速地数学计算方面，计算机每次都能胜出。Python通过两种主要的数字类型，允许我们访问强大的数学计算能力，而且，它还允许我们使用一整套的符号（从+到 − 等）对这些数字进行数学运算。

3.2.1　Python 数字

Python中两种主要的数字类型是整数（完整的数字，包括负值，如7、-9或0）和浮点数（带有小数点的数字，如1.0、2.5、0.999或3.14159265）。还有两种额外的数字类型，我们在本书中使用不多。第一种是布尔值（Boolean），它存储了TRUE或FALSE值（类似于学校的"判断真假"问题的答案），第二种是复数（complex number），它存储了甚至是想象中的数字值（如果我们了解一些高级代数的话，这会令人很兴奋，但是，我们这里先现实一点）。

整数对于计数（第2章中，在绘制螺旋线的过程中变量x用来统计线条的数目）和基本的数学运算（2 + 2 = 4）来说很有用。我们通常将年龄存储在一个整数之中，因此，当我们说自己5岁、6岁或42岁的时候，使用的是一个整数，当我们数到10的时候，也是在使用整数。

当我们想要表示部分的时候，浮点数或小数很有用，例如，3.5英里、1.25个比萨饼或25.97美元。当然，在Python中，我们不会包含单位（英里、比萨和美元），只要保存带有小数的数字就可以了。因此，如果想要将比萨的价格（cost_of_pizza）存储到一个变量中，我们可能会这样给它赋值：cost_of_pizza = 25.97。我们只要记住这里所使用的单位是美元、欧元或者其他货币就可以了。

3.2.2　Python 操作符

诸如+（加号）和-（减号）这样的数学符号叫作操作符（operator），因为它们对表达式中的数字执行计算或操作。当我们大声读出"4＋2"或者在计算器上输入它的时候，我们想要对数字4和2执行加法，以得到其总和6。

Python使用的大多数操作符和数学课中使用的操作符是相同的，包括+、−和括号（），参见表3-1。然而，一些操作符和我们在学校使用的操作符不同，例如，乘法操作符（是*而不是×）和除法操作符（是/而不是÷）。我们将在本节中认识这些操作符。

表 3-1　Python 中基本的数学操作符

数学符号	Python 操作符	操作	示例	结果
+	+	加法	4 + 2	6
−	-	减法	4 - 2	2
×	*	乘法	4 * 2	8
÷	/	除法	4 / 2	2.0
4^2	**	求幂	4 ** 2	16
()	()	圆括号（分组）	(4 + 2) * 3	18

3.2.3　在 Python shell 中进行数学运算

现在是时候尝试一下Python数学运算了。这次让我们使用Python shell。我们可能还记得，在第1章中，Python shell使我们不必编写完整的程序就可以直接访问Python的功能。这有时候叫作命令行（command line），因为我们可以一行一行地录入命令并且立即看到结果。我们可以在Python shell的命令提示符（带有闪烁的光标的">>>"符号）后面直接录入一道数学题（在编程中，这叫作表达式，expression），例如4＋2，当按下回车键的时候，我们将会看到这个表达式的结果，或者说数学题的答案。

我们尝试输入表3-1中的一些示例，看看Python给出什么结果。图3-2展示了一些示例输出，请自行尝试自己的数学题。

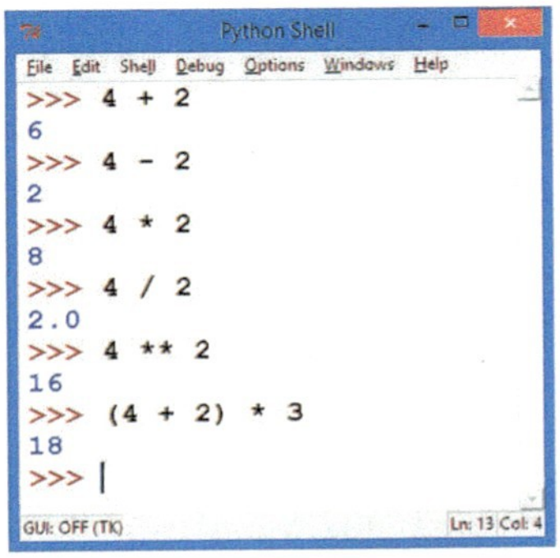

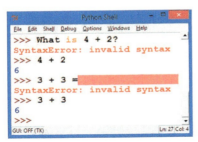

图 3-2　输入表 3-1 中数学题的示例（表达式）Python 会给出答案

3.2.4　语法错误——你说什么

当我们在 Python shell 中录入的时候，有可能会遇到语法错误（syntax errors）。在 Python 中，或者在任何其他的编程语言中，无论何时，只要计算机不理解我们所录入的命令，都会给出一条类似"Syntax Error"的消息。这意味着，我们要求计算机做事情的方式（或者说语法）有问题。

语法（Syntax）是我们使用一种语言构建句子或语句（statement）的时候所要遵守的一组规则。当编写计算机程序的时候，我们将语句中的一个错误叫作语法错误；当我们在英语中出现这种错误的时候，称之为糟糕的语法。和讲英语的人的区别在于，计算机根本无法理解糟糕的语法。和大多数的编程语言一样，只要我们遵循语法规则，Python 是很善于执行计算的。图 3-3 给出了一些语法错误的示例，其后面跟着 Python 所能够理解的表达式。

图 3-3　学会讲 Python 语言

当我们以英语问 Python "What is 4 + 2?"的时候，Python 的回答是"Syntax Error: invalid syntax"，这告诉我们它无法理解想要让它干什么。当我们给 Python 正确的表达式"4 + 2"的时候，Python 每次都会正确地回答 6。同样的方式，在语句"3 + 3 ="的末尾，一个多余的"="字符把 Python 给搞晕了，它把等号看作用来给一个变量赋值的赋值操作符。当我们录入"3 + 3"并按下回车的时候，Python明白了并且总是给出正确的答案6。

每次给计算机正确的输入的时候，我们都可以依赖它正确而快速地给出答案，实际上，这正是编程的最强大方面之一。只要使用计算机所能理解的语言正确地编程，我们就可以靠计算机来进行快速的、准确的计算。这正是我们学习Python编程的时候要学会做的事情。

3.2.5 Python shell 中的变量

正如前面所介绍的，Python shell使我们不必编写完整的、独立的程序，就能够感受到Python强大的编程功能。当我们在Python shell中录入的时候，甚至可以使用诸如x和my_age这样的变量，只不过就像我们在本章开始的示例中所学到的那样，必须要给变量赋值。如果在命令提示符（>>>）之后录入x = 5，Python将会把值5作为变量x保存到内存中并且会记住它，直到我们告诉Python改变它的值（例如，通过输入"x = 9"给x一个新的值9）。在Python shell中，该示例如图3-4所示。

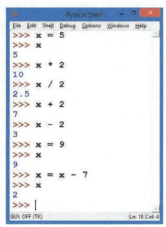

图 3-4　Python 记得我们的变量——想让它记多久都行

注意，在最后一条赋值语句中（x = x - 7），我们在等号的两边都使用了x。在代数课上，这可能是一条无效的语句，因为x不可能等于x - 7。但是，在程序中，计算机会先计算这个等式的右边，也就是计算x - 7的值，然后将这个值赋给左边的x。等号右边的变量中，填入了这个计算得到的值，这里，x的值为9，因此，计算机把9代入到x - 7中，得到9 - 7，结果为2。最后，计算机把等号右边计算的结果赋值给等号左边的变量x。只是在最后的赋值过程中，x的值才会改变。

在进入一个编程示例之前，我们先了解一下Python中数学运算的一点额外特色。在表3-1中以及图3-2和图3-4中，我们使用了除法操作符（/），Python用一个小数值作为回应。例如，4/2，Python得出2.0，而不是我们所期望的2。这是因为Python使用所谓的真除法（true division），这意味着更容易理解且导致错误的可能性更小。

当让Python计算x/2而x等于5的时候，我们看到了Python的真除法的积极效果。Python告诉我们，5除以2等于2.5，而这正是我们所期望的结果。这个除法就像是把5个比萨平分给两组人，每组得到2.5个比萨（5/2的结果）。在某些编程语言中，除法操作符只是返回整数（在这个例子中，结果将会是2）。记住，Python做的是"比萨饼除法"。

3.2.6 用操作符编程——比萨计算器

说到比萨，现在我们假设有一个比萨。让我们编写一个小程序来搞清楚一个简单的比萨订单的所有花费，包括销售税。假设我们定了一个或多个价格一样的比萨并且我们要在美国的佐治亚州的亚特兰大订购。菜单的价格中没有包含销售税，但是，在购买的最后要加入这个销售税。税率是8%，意味着我们每次为比萨支付1美元，必须要支付8美分作为销售税。我们可以用语言来把这个程序建模如下。

（1）询问客户想要多少个比萨；

（2）询问每个比萨的菜单价格；

（3）计算比萨的总价作为小计项；

（4）计算需要支付的销售税，为小计项的8%；

（5）将销售税和小计项相加，作为最终的总价；

（6）向用户显示应该支付的总价，包括销售税。

我们已经看过如何请求用户输入。要使用所输入的数字进行计算，我们还需要一个函数eval()。eval()函数对输入进行求值（evaluate），或者说搞清楚值是多少。Python中的键盘输入通常会被作为文本字符的一个字符串接收，因此，我们使用eval()将输入转换为一个数字。如果我们在程序中输入"20"，那么eval（"20"）会给出数值20，随后可以在数学公式中使用它来计算新的数值，例如20个比萨的价格。当在Python中遇到了操作数字的情况，eval()函数真的很强大。

现在既然知道了如何将用户的输入转换为可以用于计算的数字，我们就可以将程序规划中的各个编号的步骤一次转换为真正的代码了。

注意 对于每个编程示例，我们可以先尝试编写自己的程序，然后再查看本书中的代码。首先，我们编写注释（#）来概括出解决该问题所需的步骤，然后在每一条注释下面填入程序，当需要提示的时候，我们可以查看本书中的代码。

我们在新窗口中执行该段代码并保存为 AtlantaPizza.py。

AtlantaPizza.py

```python
# AtlantaPizza.py - a simple pizza cost calculator

# Ask the person how many pizzas they want, get the number with eval()
number_of_pizzas = eval(input("How many pizzas do you want? "))

# Ask for the menu cost of each pizza
cost_per_pizza = eval(input("How much does each pizza cost? "))

# Calculate the total cost of the pizzas as our subtotal
subtotal = number_of_pizzas * cost_per_pizza

# Calculate the sales tax owed, at 8% of the subtotal
tax_rate = 0.08  # Store 8% as the decimal value 0.08
sales_tax = subtotal * tax_rate

# Add the sales tax to the subtotal for the final total
total = subtotal + sales_tax

# Show the user the total amount due, including tax
print("The total cost is $",total)
print("This includes $", subtotal, "for the pizza and")
print("$", sales_tax, "in sales tax.")
```

这个程序将我们所学习的变量和操作符组合到了一个单个的强大的程序中。从头到尾阅读它，确保我们理解每一部分是如何工作的。如何修改程序才能够使得它对于一个不同的销售税率也有效呢？

我们已经使用#（井号）将程序的步骤作为注释包含在其中了。记住，注释是供人类阅读的，IDLE编辑器会将注释标识为红色，以提醒我们Python会忽略掉这些部分。首先用句子将程序一步一步地描述出来，然后将这些步骤作为注释放入到程序之中，在我们构建较长和较为复杂的程序的时候，这种做法非常

有帮助。这就是我们的算法，是程序需要遵循的步骤的集合。算法就像是菜谱，如果我们按照正确的顺序遵从这些步骤，程序会变得很美妙。

当用文字（作为#注释）和代码（作为编程语句）来写出算法的时候，我们完成了两个目标。首先，我们确保不会漏掉步骤，从而减少了程序中的错误，其次，使我们和其他人稍后更容易阅读和理解程序。我们应该从一开始就养成在程序中编写清晰的注释的习惯，而且我们会在整本书中都这么做。如果不想录入所有这些注释，程序还是会运行，注释只是帮助我们理解程序在做什么。

当我们编写自己的程序的时候，可以通过Run->Run Module来运行它并与其交互。

图3-5给出了一些示例输出。

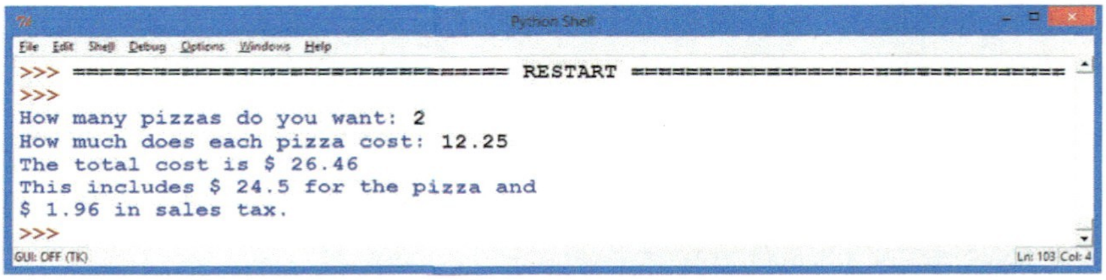

图 3-5　AtlantaPizza.py 比萨计算程序的示例输出

3.3　字符串——Python 中真正的字符

我们已经看到了，Python处理数字是很不错的，但是，当我们需要和人们沟通的时候会怎么样呢？人们很善于理解文字和句子，而不只是数字。要编写可供人们使用的程序，我们需要另一种叫作字符串（string）的变量类型。在编程语言中，字符串就是所谓的文本（text），或键盘字符；它们是字母、数字和符号的组合（一串）。我们的名字是一个字符串，我们喜欢的颜色也是，甚至这个段落（或这一整本书）都是字母、空格、数字和符号全部混合在一起构成的一个很长的字符串。

字符串和数字之间的一个区别在于，我们不能使用字符串进行计算；它们通常是不能用于计算的名称、单词或者其他信息。使用字符串的一种常见方式是打印。例如，在本章开始处，我们的程序让用户输入自己的名称，以便随后可以将其打印出来。

让我们用一个新的程序再做一次。我们询问用户的名字，将他们的名字存储到一个叫作name的变量中，然后，在屏幕上将他们的名字打印100次。

和第1章以及第2章中的螺旋线绘制示例一样，我们使用一个循环来重复打印用户的名字100次。我们在一个新的IDLE窗口中输入如下的代码并将其保存为SayMyName.py。

SayMyName.py

```
# SayMyName.py - prints a screen full of the user's name

# Ask the user for their name
name = input("What is your name? ")

# Print their name 100 times
for x in range(100):
    # Print their name followed by a space, not a new line
    print(name, end = " ")
```

这个程序最后一行的print()语句中有一些新东西，它包含了一个关键字参数（keyword argument）。在这个例子中，关键字是end，我们告诉程序用一个空格（在引号之间有一个空格" "）来结束（end）每一条print()语句，而不是像通常那样使用换行符号。Python中的打印语句通常以一个换行字符结束，这有点像是在键盘上按下回车键，但是，使用关键字参数的话，我们可以告诉Python不想要每次都把名字打印到新的一行上。

为了更清晰地看到这一修改，我们将程序的最后一行改为如下所示，然后运行该程序。

```
print(name, end = " rules! ")
```

如果运行它，我们将会看到"Your Name rules!"打印了100次。关键字参数end = " rules! "允许我们改变print()语句的工作方式。现在，每一条print()语句的最后都是" rules! "，而不再是一个换行字符。

在编程语言中，参数（argument）并不是坏事，它只不过是我们告诉像print()这样的函数做某件事情的方式。我们把给该函数使用的额外的值放在圆括号之中，从而做到这一点。print()语句圆括号中的那些值就是参数；特殊的关键字参数意味着我们使用关键字end来改变print()结束它所打印的每一行的方式。当我们将每一行的末尾从一个换行字符修改为一个简单的空格字符的时候，添加到当前行末尾的单词就没有换行，也就不会从新的一行开始了，一直到当前行填满并且折回到下一行。结果如图3-6所示。

```
File Edit Shell Debug Options Windows Help
>>>
What is your name? Bryson
Bryson Bryson Bryson Bryson Bryson Bryson Bryson Bryson Bryson Bryson
Bryson Bryson Bryson Bryson Bryson Bryson Bryson Bryson Bryson Bryson
Bryson Bryson Bryson Bryson Bryson Bryson Bryson Bryson Bryson Bryson
Bryson Bryson Bryson Bryson Bryson Bryson Bryson Bryson Bryson Bryson
Bryson Bryson Bryson Bryson Bryson Bryson Bryson Bryson Bryson Bryson
Bryson Bryson Bryson Bryson Bryson Bryson Bryson Bryson Bryson Bryson
Bryson Bryson Bryson Bryson Bryson Bryson Bryson Bryson Bryson Bryson
Bryson Bryson Bryson Bryson Bryson Bryson Bryson Bryson Bryson Bryson
Bryson
>>>
```

图 3-6　运行 SayMyName.py 的时候 Python 将我的名字打满了这个屏幕

3.4　用字符串改进彩色螺旋线

　　字符串很常用，以至于Python中的海龟作图都有函数来接受字符串输入并将其输出到屏幕上。Turtle库中要求用户输入一个字符串或文本的函数是turtle.textinput()，它会打开一个弹出窗口，要求用户输入文本并且允许我们将其存储为一个字符串值。当我们使用turtle.textinput（"Enter your name"，"What is your name?"）的 时 候，Turtle库弹出漂亮的图形化窗口，如图3-7所示。第一个参数"Enter your name"是弹出窗口的标题。第二个参数"What is your name?"是我们想要让用户所提供信息的提示符。

图 3-7　海龟作图中的一个文本输入窗口

　　将字符串写到海龟屏幕上的函数是write()，它使用海龟钢笔的颜色，在海龟位于屏幕上的位置绘制文本。我们可以使用write()和turtle.textinput()将字符串的功能组合到彩色的海龟图形之中。让我们来尝试一下。在如下的程序中，我们设置和前面的螺旋线相同的海龟图形，但是我们询问用户的名称，然后以彩色的螺旋线将其绘制到屏幕上，而不是在屏幕上绘制线条或圆圈。我们在一个新的窗口中输入如下的代码并将其保存为SpiralMyName.py。

SpiralMyName.py

```
# SpiralMyName.py - prints a colorful spiral of the user's name

import turtle                    # Set up turtle graphics
t = turtle.Pen()
turtle.bgcolor("black")
colors = ["red", "yellow", "blue", "green"]

# Ask the user's name using turtle's textinput pop-up window
```

```
❶ your_name = turtle.textinput("Enter your name", "What is your name?")

   # Draw a spiral of the name on the screen, written 100 times
   for x in range(100):
       t.pencolor(colors[x%4])  # Rotate through the four colors
❷      t.penup()                # Don't draw the regular spiral lines
❸      t.forward(x*4)           # Just move the turtle on the screen
❹      t.pendown()              # Write the user's name, bigger each time
❺      t.write(your_name, font = ("Arial", int( (x + 4) / 4), "bold") )
       t.left(92)               # Turn left, just as in our other spirals
```

　　SpiralMyName.py中的大多数代码和前面的彩色螺旋线的代码类似。但是，在❶处，我们通过一个turtle.textinput弹出窗口询问用户的名字，将用户提供的答案存储到your_name中。我们还更改了绘制循环，在❷处，将海龟的钢笔抬起离开屏幕，以便在❸处将海龟向前移动的时候，它不会留下一条痕迹或者绘制常规的螺旋线。在螺旋线中，我们想要的只是用户的名字，因此，当海龟在❸处移动之后，我们在❹处使用t.pendown()告诉它再次开始绘制。然后，我们在❺处使用write命令，告诉海龟在每次执行循环的时候将your_name写到屏幕上。最终的结果是一条可爱的螺旋线，我的儿子Max运行的结果如图3-8所示。

图 3-8　一条彩色的文本螺旋线

3.5　列表——将所有内容放到一起

　　除了字符串和数字值，变量还可以包含列表。列表是一组值，用逗号隔开，放在方括号之间。我们可以将任何类型的值存储到列表中，包括数字和字符串；我们甚至可以使用列表的列表。在螺旋线程序中，我们将字符串的一个列表["red"，"yellow"，"blue"，"green"]存储到colors变量中。然后，当程序需要使用一种颜色的时候，我们只是调用t.pencolor()函数并且告诉它使用colors列表来找到接下来应该使用的颜色的名称。我们给colors列表添加更多一些的颜色名称并学习Turtle包中的另一个输入函数numinput()。

除了红色、黄色、蓝色和绿色，我们再添加另外4种颜色的名称：橙色、紫色、白色和灰色。接下来，我们想要询问用户他们的图形应该有多少个边，就像turtle.textinput()函数要求用户输入一个字符串一样，turtle.numinput()允许用户输入一个数字。

我们使用这个numinput()函数向用户询问边的数目（在1～8），我们给用户一个默认的选择为4，这意味着如果用户不输入一个数字的话，程序会自动地使用4作为边数。我们在一个新的窗口中输入如下的代码并将其保存为ColorSpiralInput.py。

ColorSpiralInput.py

```
import turtle                          # Set up turtle graphics
t = turtle.Pen()
turtle.bgcolor("black")
# Set up a list of any 8 valid Python color names
colors = ["red", "yellow", "blue", "green", "orange", "purple", "white", "gray"]
# Ask the user for the number of sides, between 1 and 8, with a default of 4
sides = int(turtle.numinput("Number of sides",
                            "How many sides do you want (1-8)?", 4, 1, 8))
# Draw a colorful spiral with the user-specified number of sides
for x in range(360):
❶    t.pencolor(colors[x % sides])    # Only use the right number of colors
❷    t.forward(x * 3 / sides + x)     # Change the size to match number of sides
❸    t.left(360 / sides + 1)          # Turn 360 degrees/number of sides, plus 1
❹    t.width(x * sides / 200)         # Make the pen larger as it goes outward
```

该程序在每次绘制一个新边的时候，使用用户输入的边的数目来进行一些计算。让我们看一下for循环中的4行编号的代码。

在❶处，程序修改了海龟钢笔的颜色，颜色的数目和边的数目是匹配的（三角形针对3条边使用3种颜色，正方形使用4种颜色，依次类推）。在❷处，我们根据边数修改了每一条线段的长度（使三角形不会比屏幕上的八角形小太多）。

在❸处，我们将海龟旋转正确的度数。为了得到这个数字，我们用360除以边的数目，这就得到了外角（exterior angle），或者说这是要绘制带有指定的那么多条边的规则形状所需要旋转的角度。例如，一个圆是360°，带有1条"边"；一个正方形包含4个90°角（一共也是360°）；我们需要旋转6个60°才能形成一个六边形（总共也是360°），依次类推。

最后，在❹处，随着远离开屏幕的中心，我们增加钢笔的宽度或厚度。图3-9展示了输入8条边和3条边的不同绘制结果。

图3-9　ColorSpiralInput.py 使用 8 条边（左图）和 3 条边（右图）得到的图片

3.6　Python 做作业

我们已经看到了Python是一种强大而有趣的编程语言，能够处理各种数据，包括数字、字符串、列表，甚至是复杂的数学表达式。现在，我们打算借助Python的威力来做一些非常实际的事情：做数学作业。

我们打算编写一个由字符串和数字组成的简短的程序，它使用eval()函数将数学问题转换为答案。在本章前面，我介绍过eval()函数可以将字符串"20"转变为数字20。现在，eval()可以做的甚至更多，它还可以将"2 * 10"转变为数字20。当在一个键盘字符的字符串上执行eval()函数的时候，它会像Python Shell所做的那样计算字符串。因此，我们录入一个数学问题作为输入，在该输入上运行eval()，将会得到该问题的答案。

通过打印出用户输入的最初问题，然后输出eval(problem)，我们可以将最初的问题和答案都显示在一行之中。记住表3-1中的操作符，如果我们需要5÷2的答案，应该输入"5/2"；如果要计算4²的话，应该输入"4**2"。组合起来的MathHomework.py程序如下所示。

MathHomework.py

```python
print("MathHomework.py")
# Ask the user to enter a math problem
problem = input("Enter a math problem, or 'q' to quit: ")
# Keep going until the user enters 'q' to quit
while (problem != "q"):
    # Show the problem, and the answer using eval()
    print("The answer to ", problem, "is:", eval(problem) )
    # Ask for another math problem
    problem = input("Enter another math problem, or 'q' to quit: ")
    # This while loop will keep going until you enter 'q' to quit
```

while语句将会持续地提问题并打印出结果，直到用户按下Q键终止该程序。

尽管这个简短的程序还不能帮助我们完成代数，但它可以做的不只是基本的数学运算。还记得我们讨论过Python的真除法吧？我们称之为"分比萨除法"，因为它允许我们将比萨平均地分给任何数目的人。好了，Python还可以做整数除法，我们只需要学习两个新的操作符。

当我们想要做整数除法的时候，该怎么办呢？假设老师给了我们和3个朋友10罐巧克力奶，我们想要公平地分配，以便每个人都得到相同的罐数。现在一共有4个人，因此10÷4等于2.5。遗憾的是，我们不能把一罐牛奶分为两半。如果我们有杯子，还可以把一罐奶分给两个朋友，但是，假设我们手边没有杯子，如果想要公平，必须让每个人分2罐，并且将剩下两罐还给老师。这听起来有点像长除法：当你用10除以4的时候，你还给老师的剩下的那两罐是余数（remainder）。在数学中，我们有时候像下面这样标注长除法中的余数：10÷4=2 R2。换句话说，10除以4商（quotient）2，余2。这意味着，10中包含了2个4，还剩下一个2。

在Python中，整数除法是通过双反斜杠"//"来执行的。因此，10//4等于2，而7//4等于1（因为7中只能包含1次4，并且余下3）。"//"操作符给出了商，但余数是多少呢？要想得到余数，使用模除操作符，在Python中，模除用"%"符号表示。

在Python中，不要把"%"和百分号搞混淆，把百分数写成小数（5%变成了0.05），而"%"操作符总是表示模除，或者说它会求得整数除法的余数。为了在Python中得到长除法的余数，我们输入10 % 4（余数为2）或7 % 4（余数为3）。图3-10给出了几个数学运算的结果，包括使用"//"和"%"的整数除法和模除。

```
                                            Python Shell                          _ □ ×
File  Edit  Shell  Debug  Options  Windows  Help
>>> =============================== RESTART ===============================
>>>
MathHomework.py - enter 'q' to quit.
Enter a math problem: 5 / 2
The answer to  5 / 2 is: 2.5
Enter another math problem: 5 // 2
The answer to  5 // 2 is: 2
Enter another math problem: 5 % 2
The answer to  5 % 2 is: 1
Enter another math problem: (2 + 4) * (2 + 2)
The answer to  (2 + 4) * (2 + 2) is: 24
Enter another math problem: 4 ** 2
The answer to  4 ** 2 is: 16
Enter another math problem: q
>>>
GUI: OFF (TK)                                                          Ln: 630 Col: 4
```

图 3-10　Python 做数学作业

随着我们继续学习本书，我们将要在绘制螺旋线这样的程序中使用 "%" 操作符，以保证将数字固定在一定的范围之内。

3.7　本章小结

在本章中，我们已经看到了如何将不同类型的信息，包括数字、列表和字符串，存储到变量中。我们还学习了 Python 中命名变量的规则（字母、下划线、数字、区分大小写、不能用空格）以及如何用等号操作符将值赋给变量（my_name = "Alex" 或 my_age = 5）。

我们还学习了整数和浮点数（小数值），学习了 Python 中的数学操作符以及它们和数学课本中所使用的符号的区别。我们了解了如何使用单词、字母、字符和符号组成的字符串，包括如何让 Python 理解和计算某些字符串，例如，当我们想要使用用户输入的一个数字来进行计算的时候。

我们看到了语法错误的几个例子并且学习了编写程序的时候如何避免它们，学习了列表变量类型，它可以用来存储各种类型的值的列表，例如 colors =["red", "yellow", "blue", "green"]。我们还了解了 Python 如何进行简单的计算，包括长除法。

在理解了变量和数据类型的基础上，我们将在第 4 章中学习如何使用变量创建自己的循环、在第 5 章中让计算机做出决定，甚

至在第6章中用计算机玩游戏以及做更多事情。变量是首要的、重要的编程工具，它帮助我们把最复杂的问题（从电子游戏到卫星和医疗软件）分解为能够使用代码解决的小块儿。研究本章中的示例并且创建自己的示例，直到我们对变量足够熟悉了，再深入学习下一章。

现在，我们应该能够做如下的事情：

- 创建自己的变量来存储数字、字符串和列表；
- 讨论 Python 中的数字类型之间的区别；
- 使用 Python 中的基本的数学操作符来执行计算；
- 说明字符串、数字和列表之间的区别；
- 用英语把简短的程序写成步骤然后将这些步骤写成注释以帮助我们编写代码；
- 在各种不同的条件下请求用户输入并且在我们的程序中使用该输入。

3.8　编程挑战

尝试这些挑战来练习我们在本章中所学习的知识（如果遇到困难，访问 http://www.nostarch.com/teachkids/ 寻找示例解答）。

#1：圆螺旋线

回到第2章中的 ColorCircleSpiral.py 程序，它在螺旋线的每一边绘制圆而不是线段。再次运行该示例，看看我们是否能够确定，需要从 ColorSpiralInput.py 程序中添加或删除哪些代码行才能够使用 1 ～ 8 的任意边数来绘制圆形螺旋线。一旦程序能够工作了，我们将新程序保存为 CircleSpiralInput.py。

#2：定制名字螺旋线

让用户来确定他们的螺旋线有多少个边，询问他们的名字，然后绘制一条螺旋线以正确的边数和颜色写出他们的名字，这样是不是很酷呢？我们看看是否能够搞清楚，要将 SpiralMyName.py 的哪一部分加入到 ColorSpiralInput.py 中才能创建出这一新的、令人印象深刻的设计。当我们做到了以后（或者得到甚至更酷的内容），将新程序保存为 ColorMeSpiralled.py。

第 4 章
循环很有趣（你可以再说一遍）

我们已经在第一个程序中使用了循环来重复地绘制图形。现在，我们应该来学习一下如何从头开始构建循环。任何时候，当我们需要在程序中重复地做某些事情，循环都允许我们重复这些步骤，而不需要每次都分别录入。图 4-1 展示了一个可视化的例子，用四个圆圈组成一个玫瑰花瓣的形状。

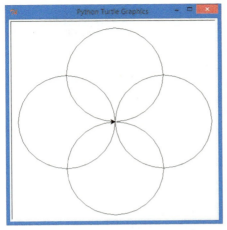

图 4-1　4 个圆圈组成玫瑰花瓣的样子

我们来考虑一下如何编写一个程序绘制这样重叠的 4 个圆。正如第 2 章所介绍的，Turtle 的 circle() 命令用我们在其圆括号中指定的半径来绘制一个圆。这些圆看上去分别位于屏幕的北边、南边、东边和西边，各自相差 90° 的角度，同时我们知道如何向左或向右旋转 90°。因此，我们可以编写 4 条成对的语句，先绘制一个圆，然后旋转 90°，再来绘制另一个圆，如下面的代码所示。我们将这些代码输入到一个新的窗口中并将其保存为 Rosette.py。

Rosette.py

```python
import turtle
t = turtle.Pen()
t.circle(100) # This makes our first circle (pointing north)
t.left(90)    # Then the turtle turns left 90 degrees
t.circle(100) # This makes our second circle (pointing west)
t.left(90)    # Then the turtle turns left 90 degrees
t.circle(100) # This makes our third circle (pointing south)
t.left(90)    # Then the turtle turns left 90 degrees
t.circle(100) # This makes our fourth circle (pointing east)
```

这段代码能够工作，但是，是不是感觉重复了？我们将绘制圆的代码录入了 4 次，将向左转的代码录入了 3 次。从螺旋线示例中，我们知道应该能够将一段代码块只编写一次，然后在一个 for 循环中重用这段代码。在本章中，我们将学习如何编写自己的循环。现在来尝试一下。

4.1　构建自己的循环

要构建自己的循环，我们首先需要识别出重复的步骤。在前面的代码中，重复的指令是绘制一个半径为100个像素的圆形的t.circle(100)在绘制下一个圆之前将海龟旋转90°的t.left(90)。其次，我们需要搞清楚这些步骤要重复多少次。我们想要4个圆，因此，从4开始。

既然我们知道了绘制圆需要重复的两条指令以及重复的次数，就可以构建for循环了。

Python中的for循环会遍历（iterates over）一个列表中的各项，或者针对列表中的每一项重复一次，例如，从数字1到100或者从0到9。我们想要循环运行4次，每次针对一个圆，因此，需要设置一个4个数字的列表。

内建函数range()可以让我们很容易地创建数字的列表。构建n个数字的一个范围的最简单的命令是range(n)，这条命令允许我们构建n个数字（从0到n-1，即从0到比n小1的数）的一个列表。例如，range(10)允许我们创建从0到9这10个数字的一个列表。让我们在IDLE命令提示窗口中输入range()命令的几个示例，看看它是如何工作的。要查看打印出来的列表，我们需要在range()函数之外使用list()函数。我们在>>>提示符后，输入如下代码行。

```
>>> list(range(10))
```

IDLE将会给出输出[0, 1, 2, 3, 4, 5, 6, 7, 8, 9]，这是一个从0开始的10个数字的列表。要将这个数字列表变长或变短，我们可以在range()函数的括号中输入不同的数字。

```
>>> list(range(3))
[0, 1, 2]
>>> list(range(5))
[0, 1, 2, 3, 4]
```

正如你所看到的，输入list(range(3))可以得到一个从0开始的3个数字的列表；输入list(range(5))可以得到一个从0开始的5个数字的列表。

4.1.1 使用for循环生成四个圆组成的玫瑰花瓣

对于4个圆组成的玫瑰花瓣的形状，我们需要重复绘制圆4次，range(4)将帮助我们做到这一点。For循环的语法或者说单词命令如下所示。

```
for x in range(4):
```

我们首先从关键字for开始，然后给出一个变量x，这将是计数器或迭代器变量。in关键字告诉for循环，用x来遍历范围列表中的每一个值，range(4)给循环一个从数字0到3的列表，即[0,1,2,3]，以供遍历。记住，计算机通常是从0开始的，而不是像我们一样从1开始。

为了告诉计算机应该重复哪些指令，我们使用缩进（indentation）；通过在新的文件窗口中按下Tab键将想要在for循环中重复的每条指令都缩进。我们输入程序的新版本并且将其保存为Rosette4.py。

Rosette4.py

```python
import turtle
t = turtle.Pen()
for x in range(4):
    t.circle(100)
    t.left(90)
```

这个版本的Rosette.py程序通过使用for循环，缩短了很多，但它还是和没有for循环的版本一样，也是产生4个圆。该程序一共将第3行、第4行和第5行循环执行4次，在窗口的上方、左方、下方和右方分别生成4个圆，组成一个玫瑰花瓣。让我们来一步一步地看看循环代码，按照它绘制玫瑰花瓣的过程，一次绘制一个圆。

1）第一次通过循环的时候，计数器x拥有一个起始值0，这是范围列表[0, 1, 2, 3]中的第一个值。我们使用t.circle(100)在窗口顶部绘制第一个圆，然后，使用t.left(90)将海龟向左旋转90°。

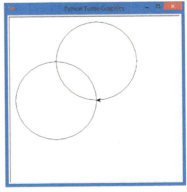

2）Python回到了循环的开始处并且将x设置为[0, 1, 2, 3]中的第2个值，也就是1。然后，它在窗口的左边绘制第2个圆并且再次将海龟向左旋转90°。

3）Python再次回到了循环的开始处，将x增加到2。它在窗口的底部绘制第3个圆并且将海龟向左旋转。

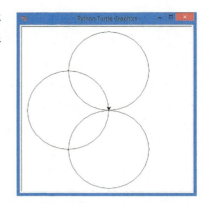

4）在第4次也就是最后一次经过循环的时候，Python将x增加到3，然后运行t.circle(100)和t.left(90)，在窗口的右边绘制第4个圆并且将海龟向左旋转。现在，玫瑰花瓣完成了。

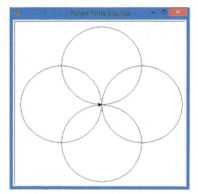

4.1.2　修改循环让玫瑰花瓣带有 6 个圆

既然已经从头开始构建了循环了，我们是否能够自行修改程序来绘制一些其他的新东西呢？如果想要绘制6个圆而不是4个圆组成的玫瑰花瓣，该怎么办呢？需要对程序做哪些修改呢？考虑一下如何解决这个问题。

你是否有一些想法呢？让我们先来看看这个问题。首先，我们知道这一次需要6个圆，而不是4个圆，因此for循环中的范围需要修改为range(6)。但是，如果只是修改范围，我们并不能看到绘图中有任何区别，因为会继续重复绘制隔开90°的4个

圆。如果想要6个圆围成一个玫瑰花瓣，我们需要将花瓣划分为6次向左旋转而不是4次。围绕绘制中心有360°，4个90°的旋转得到了4×90＝360，带着我们转了一圈。如果360°除以6而不是4，得到的是每次旋转360÷6＝60度。因此，在t.left()命令中，我们需要在循环中每次向左旋转60度，或者说使用t.left(60)。

我们修改玫瑰花瓣程序并将其保存为Rosette6.py。

Rosette6.py

```
  import turtle
  t = turtle.Pen()
❶ for x in range(6):
❷     t.circle(100)
❸     t.left(60)
```

这一次，❶处的for循环将会用x遍历0～5这6个值的列表，因此，我们会将❷和❸处缩进的步骤重复执行6次。在❷处，我们还是绘制半径为100的一个圆。但是在❸处，我们每次只将海龟旋转60度，或者说是360°的六分之一，以便这一次得到围绕着中心的6个圆，如图4-2所示。

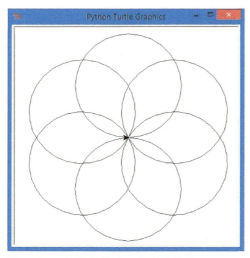

图4-2　6个圆组成的一个玫瑰花瓣

6个圆组成的玫瑰花瓣比4个圆组成的玫瑰花瓣更漂亮，通过for循环，绘制6个圆并不比绘制4个圆多编写任何代码，我们只需要修改两个数字就行了。由于我们会改变这两个数字，我们试图用一个变量来替代它们。让我们来进行这一尝试，赋予用户能够绘制任意多个圆的能力。

4.2　把玫瑰花瓣程序改进为允许用户输入

在本节中，我们将使用在第3章中见过的turtle.numinput()函数（参见ColorSpiral Input.py）来编写一个程序，它要求用户输入一个数字，然后绘制具有该数字指定的那么多个圆的玫瑰花瓣。我们将把用户输入的数字作为range()方法的参数。然后，我们需要做的只是用360除以这个数字，从而得到在每次循环中要向左旋转的度数。我们输入如下的RosetteGoneWild.py程序的代码并运行它。

RosetteGoneWild.py

```
  import turtle
  t = turtle.Pen()
  # Ask the user for the number of circles in their rosette, default to 6
❶ number_of_circles = int(turtle.numinput("Number of circles",
                                  "How many circles in your rosette?", 6))
❷ for x in range(number_of_circles):
❸     t.circle(100)
❹     t.left(360/number_of_circles)
```

在❶处，我们将几个函数结合起来使用，赋值给一个名为number_of_circles的变量。我们使用Turtle的numinput()函数询问用户要绘制多少个圆。第一个值"Number of circles"是弹出窗口的标题；第二个值"How many circles in your rosette?"是将会出现在对话框中的文本；最后一个值6，是当用户不输入任何内容的时候的默认值。numinput()外围的int()函数将用户输入的数字转换为一个整数，以便可以在range()函数中使用它。我们将用户的数字存储为number_of_circles，作为绘制循环中的range()的大小来使用。

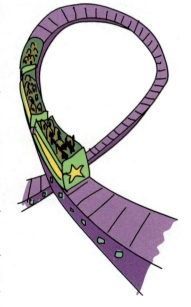

在❷处的for语句是循环。它使用了number_of_circles变量来遍历众多数字组成的列表。在❸处绘制圆的命令仍然是相同的并且将绘制一个半径为100像素的圆。在❹处，我们将整个一圈360°除以圆的个数，从而可以平均地围绕着屏幕的中心来绘制圆。例如，如果用户输入30作为圆的个数，360÷30将会得到12度的旋转，围绕圆心的30

个圆每两个之间都相差12度，如图4-3所示。

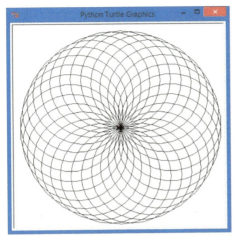

图4-3　30个圆组成的用户定义的玫瑰花瓣

　　我们运行该程序并尝试自己想要的数字，甚至可以生成90个圆或200个圆组成的玫瑰花瓣（但是，当Python绘制这么多圆的时候，我们可能需要等一会儿）。请自行定制该程序，修改背景颜色，或者让圆更大或更小，或者让花瓣更大或更小！我们在创建程序的时候，进行各种尝试，让程序创建出我们认为有趣的事情。图4-4展示了我5岁的儿子Alex通过给RosetteGoneWild.py添加额外的3行代码所实现的梦想。访问http://www.nostarch.com/teachkids/可以获取源代码。

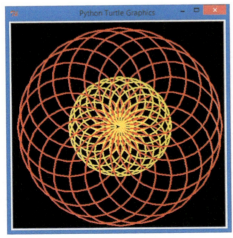

图4-4　做出一些假想并对代码进行一点修改就可以让玫瑰花瓣程序变得更加多彩有趣

4.3 游戏循环和 while 循环

for循环功能强大，但是其功能也有限。例如，当某个事件发生的时候，如果我们想要停止循环，而不是一直遍历完一个长长的数字列表，该怎么办呢？或者如果不确定循环需要运行多少次，该怎么办呢？例如，我们考虑一个游戏循环，当编写一个程序、特别是一款游戏的时候，其中要由用户来选择是否继续运行还是停止。作为程序员，我们事先不知道用户会选择玩游戏或运行程序多少次，但是，我们需要让他们可以不必每次都重新加载或运行程序就可以再玩一次。我们能想象一下，如果每次想要再玩一次游戏的时候都需要重新启动Xbox或PlayStation，或者总是必须玩一款游戏达到10次才能够进入下一个不同的游戏？那会多没意思啊。

解决游戏循环问题的方法之一，是使用另一种类型的循环，即while循环。while循环可以检查一个条件（condition）或情况，然后决定是再次循环还是结束循环，而不是像for循环那样遍历一个预先定义的值的列表。While语句的语法如下所示。

```
while condition:
    indented statement(s)
```

条件（condition）通常是一个布尔表达式，或者是一个真/假测试。while循环的一个日常示例就是吃东西或喝水。当我们饿了的时候，我们就吃东西，当回答"Am I hungry?"这个问题的时候，如果答案不再是Yes，意味着条件"I am hungry"不再为真，我们就停止吃东西。而当我们渴了的时候，就要再喝一杯水；不再感到口渴，就停止喝水。饿了和渴了是条件，当这些条件为假的时候，退出吃东西和喝水的"循环"。只要条件为真，while循环就持续重复循环中的语句。

while循环中的真/假条件往往涉及比较值。我们可能会说，"x的值比10大吗？如果是的，就运行代码；当x不再大于10的时候，停止运行代码"。换句

话说，当条件 x > 10 为真的时候，我们运行该代码。大于符号（>）是一个比较操作符（comparison operator），这是和 +（加号）和 −（减号）这样的算术操作符不同的一种操作符。

像 >（大于）、<（小于）、==（等于）或 !=（不等于）这样的比较操作符，允许我们比较两个值，看看其中的一个是否比另一个大，或者比较它们是相等还是不相等。x 小于 7 吗？是或者不是？真还是假？根据结果，得到真或假，我们可以让程序运行不同的代码段。

while 循环和 for 循环具备一些共同的特点。首先，和 for 循环一样，while 循环根据需要重复一组语句。其次，使用 while 循环和 for 循环的时候，我们通过 Tab 键向右缩进语句，告诉 Python 要重复哪些语句。

让我们尝试一个使用 while 循环的程序，看看它是如何工作的。我们输入如下代码（或者从 http://www.nostarch.com/ 下载）并运行它。

SayOurNames.py

```
   # Ask the user for their name
❶ name = input("What is your name? ")
   # Keep printing names until we want to quit
❷ while name != "":
       # Print their name 100 times
❸     for x in range(100):
           # Print their name followed by a space, not a new line
❹         print(name, end = " ")
❺     print()   # After the for loop, skip down to the next line
       # Ask for another name, or quit
❻     name = input("Type another name, or just hit [ENTER] to quit: ")
❼ print("Thanks for playing!")
```

程序开始的时候，我们在 ❶ 处询问用户的名字并且将他们的回答存储到变量 name 中。我们需要一个名称来测试 while 循环的条件，因此，在循环开始之前必须先问一次。然后，在 ❷ 处，开始 while 循环，只要用户输入的名字不是一个空字符串（由之间没有任何内容的两个双引号表示），这个循环就会运行。当用户按下回车键退出的时候，Python 会将输入当作是空字符串。

在 ❸ 处，开始 for 循环，这会将名字打印 100 次，在 ❹ 处，print() 语句每次在名称的后面再打印一个空格。我们继续运行回到 ❸ 处并检查 x 是否已经达到了 100，然后在 ❹ 处打印，直到名字在屏幕上填满了几行。当 for 循环完成了打印名字 100 次，我们在 ❺ 处打印一个空行，将打印位置直接移入到下面的一个新行，然后，再在 ❻ 处请求另一个名字。

由于 ❻ 处是 ❷ 处开始的 while 循环之下最后一个缩进的行，用户输入的新

的名称传回到 ❷ 处，以便 while 循环能够检查它是否是一个空的字符串。如果它不是空的，程序会开始 for 循环，将新的名字打印 100 次。如果这个名字是一个空字符串，这意味着用户按下了回车来结束程序，因此 ❷ 处的 while 循环会跳转到 ❼ 处并且感谢用户的参与。图 4-5 展示了我的儿子运行该程序的时候的输出。

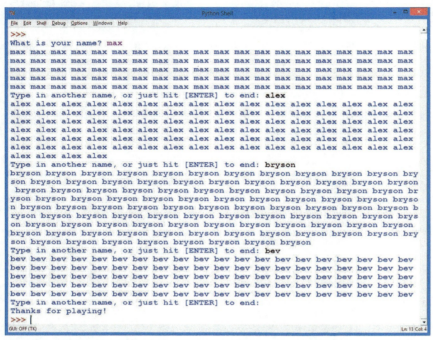

图 4-5　我的儿子运行 SayOurNames.py 并且输入了我们家中的每个人的名字

4.4　家庭成员螺旋线

　　既然我们可以访问名字组成的一个列表并且将其打印到屏幕上，让我们将名称打印循环和第 3 章中的程序 SpiralMyName.py 组合起来，创建家人和朋友的名字的一个彩色螺旋线。

　　新的组合程序将会和 SayOurNames.py 中名称重复程序有几处不同，但是最重要的区别是，我们不只是一个接着一个地打印出名字；要绘制螺旋线，我们需要一次拥有所有的名字，以便能够沿着螺旋线依次绘制每一个名字。在 SayOurNames.py 中，我们一次只能够询问一个名称，就像对颜色所做的事情一样。然后，随着使用循环，我们可以在螺旋线的每一个转弯处修改名称和颜色。为了做到这一点，我们将建立一个空的列表。

```
family = []    # Set up an empty list for family names
```

当我们在程序中创建颜色列表的时候，我们已经知道了想要使用的颜色的名称，如red、yellow、blue等。然而，在家庭列表中，我们必须等待用户输入名字。我们使用一个空的列表，这只是一对方括号[]，它告诉Python我们想要使用这个名为family的列表，但是在程序运行之前还不知道列表中放什么内容。

一旦有了空的列表，我们就可以在一个while循环中请求名称，就像在SayOurNames.py程序中所做的那样，我们将把这些名称添加到列表中。添加（append）的意思是在列表的尾部增加这些名称。在这个程序中，用户输入的第一个名称将添加到空的列表中，第二个名称将添加到第一个名称的后面，依次类推。当用户输入了想要在螺旋线中使用的所有名称的时候，他们将按下回车键，告诉程序已经完成了名称的输入。然后，我们将使用一个for循环将名称在屏幕上绘制成一个彩色的螺旋线的形状。我们输入和运行如下的代码，看看一个while循环和一个for循环一起做的漂亮的工作。

SpiralFamily.py

```
import turtle       # Set up turtle graphics
t = turtle.Pen()
turtle.bgcolor("black")
colors = ["red", "yellow", "blue", "green", "orange",
          "purple", "white", "brown", "gray", "pink" ]
❶ family = []        # Set up an empty list for family names

# Ask for the first name
❷ name = turtle.textinput("My family",
                          "Enter a name, or just hit [ENTER] to end:")
# Keep asking for names
❸ while name != "":
      # Add their name to the family list
❹     family.append(name)
      # Ask for another name, or end
      name = turtle.textinput("My family",
                              "Enter a name, or just hit [ENTER] to end:")

# Draw a spiral of the names on the screen
for x in range(100):
```

```
❺      t.pencolor(colors[x%len(family)])  # Rotate through the colors
❻      t.penup()                          # Don't draw the regular spiral lines
❼      t.forward(x*4)                     # Just move the turtle on the screen
❽      t.pendown()                        # Draw the next family member's name
❾      t.write(family[x%len(family)], font = ("Arial", int((x+4)/4), "bold") )
❿      t.left(360/len(family) + 2)        # Turn left for our spiral
```

在 ❶ 处，我们设置了一个名为 family 的空的列表[]，它将用来存储用户输入的名字。在 ❷ 处，我们在 turtle.textinput 窗口中请求第一个名字并且在 ❸ 处开始 while 循环以收集家庭中所有的人的名字。将一个值添加到列表的末尾的命令是 append()，如 ❹ 处所示。它接受用户输入的名字并且将其添加到了 family 列表的末尾，然后，请求另一个名字，重复在 ❸ 处的 while 循环，直到用户按下回车键告诉我们已经完成了输入。

for 循环开始处还是和前面的螺旋线示例中相同，但是，我们在 ❺ 处使用了一条新的命令来设置钢笔颜色。len() 命令是长度（length）的缩写，告诉我们 family 中存储的名字列表的长度。例如，如果我们输入了家庭中的 4 个人的名字，len(family) 将返回 4。我们对这个值使用模除操作符 %，在 4 种颜色之间循环，每种颜色用于家庭中的一个名字。较大的家庭将会需要循环使用更多的颜色（一直达到列表中的 10 种颜色），而较小的家庭则只需要较少的颜色。

在 ❻ 处，我们使用 penup() 命令将海龟钢笔"抬起"离开屏幕，以便在 ❼ 处将其向前移动的时候，海龟不会绘制任何内容；我们将在螺旋线的转角处绘制名字，名字和名字之间没有线条。在 ❽ 处，我们再次将海龟钢笔放下，以便可以绘制名字。

在 ❾ 处，我们将做很多事情。首先，我们告诉海龟要绘制哪一个名字。注意，family[x%len(family)] 使用了模除操作符 % 来循环使用用户输入到 family 列表中的名字。程序将从输入的第一个名字 family[0] 开始并且继续使用 family[1] 和 family[2]，依此类推，直到到达列表中的最后一个名字。这条语句的 "font =" 部分告诉计算机，我们想要对名字使用 Arial 字体和粗体样式。

它还将字体的大小设置为随着 x 增加而增加；字体的大小是 (x+4)/4，这意味着，当 x = 100 且循环完成的时候，字体的大小将会是 (100 + 4)/4 = 26 点，这真是很大的字体。通过修改这个公式，我们可以让字体变得更大或更小。

最后，在 ❿ 处，我们将海龟向左旋转 360/len(family) 加 2 的度数。对于有 4 个成员的家庭，我们将旋转 90° 加 2，以得到一个漂亮的正方形螺旋；有 6 个人的家庭将旋转 60 度加两度，以得到一个 6 边形的螺旋线，依此类推。额外加上的两度，使得螺旋线向左旋转的多一点，来产生我们在其他螺旋线中所见到的漩涡式的效果。运行这个程序并输入我的家庭的名字，包括我的两只猫，Leo 和 Rocky，我们得到了一幅美丽的家庭螺旋线图片，如图 4-6 所示。

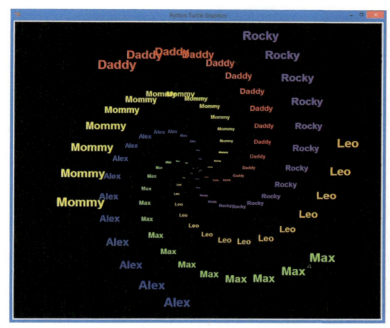

图 4-6　Payne 家庭螺旋线——包括我的两只猫 Leo 和 Rocky

4.5　整合——病毒式的螺旋线

我们已经见识了循环的力量：它们只需要一点代码段，就可以重复代码以执行重复性的工作，如果没有循环的话，这些重复工作都要手工完成，例如，要输入名字 100 次。我们来更进一步地使用循环，来构建自己的嵌套循环（nested loop），即位于另一个循环之中的一个循环（就像俄罗斯套娃，打开一个娃娃，里面还有另一个娃娃）。

要了解嵌套循环，我们先来绘制螺旋线的一个螺旋线，而不是名字的螺旋线。在螺旋线的每一个转角处，我们并不是如图4-6那样绘制名字，而是绘制一个较小的螺旋线。为了做到这一点，我们需要一个大的循环在屏幕上绘制一个大的螺旋线，其中还需要一个小的循环来围绕着大的螺旋线绘制小的螺旋线。

在编程程序来做到这一点之前，我们先了解一下如何将一个循环嵌套到另一个循环之中。首先，我们像通常一样开始一个循环；然后，在该循环之中按下一次 Tab 键并开始第二个循环。

```python
# This is our first loop, called the outer loop
for x in range(10):
    # Things indented once will be done 10 times
    # Next is our inner loop, or the nested loop
    for y in range(10):
        # Things indented twice will be done 100 (10*10) times!
```

第一个循环叫作外部循环（outer loop），因为它包围着我们的嵌套循环。嵌套的循环叫作内部循环（inner loop），因为它位于另一个循环之中。注意，在我们的嵌套循环中，任何缩进了两次的代码行（由此位于第2个循环之中），都将因为 y 执行 10 次并且因为 x 也执行 10 次，总共执行 100 次。让我们开始编写程序 ViralSpiral.py。我们将一步一步地编写它，完成后的程序在后面给出。

```python
  import turtle
  t = turtle.Pen()
❶ t.penup()
  turtle.bgcolor("black")
```

程序的前几行看上去和编写过的其他螺旋线程序相似，只不过我们将不会绘制大的螺旋线的线段。我们计划用较小的螺旋线来替代这些线段，因此，在❶处，一开始的时候，我们就用 t.penup() 将海龟钢笔抬离屏幕，然后将背景颜色设置为黑色。接下来，我们使用 turtle.numinput() 询问用户想要多少个边，如果用户没有不同选择的话，就使用默认的 4 条边，我们将允许的边的范围限制在 2 ~ 6。

```python
sides = int(turtle.numinput("Number of sides",
            "How many sides in your spiral of spirals (2-6)?", 4,2,6))
colors = ["red", "yellow", "blue", "green", "purple", "orange"]
```

turtle.numinput() 函数允许我们为输入对话框指定一个标题、一个提示的问号以及默认值、最小值和最大值，按照这样的顺序为：turtle.numinput(title, prompt,default, minimum, maximum)。这里，我们指定了4作为默认值，最小值为2，最大值为6（例如，如果用户试图输入1或7的话，将会得到一条警告消息，说明允许的值最小为2，最大为6）。我们还使用6种颜色设置颜色列表。

接下来，我们编写螺旋线循环。外围的循环将会把海龟定位在大的螺旋线的每一个转弯处。

```
❷ for m in range(100):
      t.forward(m*4)
❸     position = t.position()  # Remember this corner of the spiral
❹     heading = t.heading()    # Remember the direction we were heading
```

在❷处，外围的循环接受m从0～99共100次。在外围循环中，我们就像是在其他的螺旋线程序中一样向前移动海龟，只不过当到达了大的螺旋线的每一个转弯处的时候，停下来记住位置（在❸处）和方向（在❹处）。位置（position）是海龟在屏幕上的（x, y）坐标，方向（heading）是海龟移动所朝向的方向。

海龟沿着大的螺旋线的每一点都相对有一点偏移，这是为了绘制较小的螺旋线，因此，在完成了每一个小的螺旋线之后，为了保持大的螺旋线的形状，它必须回到这个位置和方向。如果我们不能记住海龟在开始绘制小螺旋线之前的位置和方向，海龟可能会在整个屏幕上乱转，就会从相对于上一个较小的螺旋线结束的位置开始每一个小的螺旋线。

告诉我们海龟位置和方向的两条命令是t.position()和t.heading()。海龟的位置可以通过t.position()来访问，其中包含了海龟在屏幕上的位置的x坐标（水平的）和y坐标（垂直的），就像是图形上的坐标一样。海龟所朝向的方向可以通过命令t.heading()来获取，它用0.0度到360.0度来度量，0.0指向屏幕的上方。在开始绘制每一个小的螺旋线之前，我们将这些信息存储到变量position和heading之中，以便能够知道是从哪个位置离开大的螺旋线的。

现在是时候编写内部循环了。这里我们再次缩进一些，内部循环将在大的螺旋线的每一个转弯处绘制小的螺旋线。

```
❺     for n in range(int(m/2)):
          t.pendown()
          t.pencolor(colors[n%sides])
          t.forward(2*n)
          t.right(360/sides - 2)
          t.penup()
❻     t.setx(position[0])    # Go back to the big spiral's x location
❼     t.sety(position[1])    # Go back to the big spiral's y location
❽     t.setheading(heading)  # Point in the big spiral's heading
```

❾　　　t.left(360/sides + 2)　# Aim at the next point on the big spiral

在❺处的内部循环，从 n = 0 开始，当 n = m/2（即达到 m 的一半）的时候结束，以保证内部螺旋线比外部螺旋线要小。内部螺旋线看上去和我们前面的螺旋线相似，只不过在绘制每一条线段之前将钢笔放下，而在绘制了每一条线段之后将钢笔抬起，从而保持大的螺旋线干净整齐。

从❺处开始，在绘制了内部螺旋线之后，我们在❻处将海龟的水平位置设置为在❸处存储的那个值。水平坐标通常叫作 x 坐标，因此，当设置水平位置的时候，我们使用 t.setx() 设置海龟在屏幕上的位置的 x 坐标。在❼处，我们设置 y 坐标，或者说是垂直位置，其值也是在❸处存储的。在❽处，我们将海龟转向在❹处所存储的方向，然后，从❾处开始继续大螺旋线的下一个部分。

当 m 从 0 达到 99 之后，大循环结束，我们已经在大螺旋线的样式中绘制了 100 个小的螺旋线，形成了漂亮的万花筒式的效果，如图 4-7 所示。

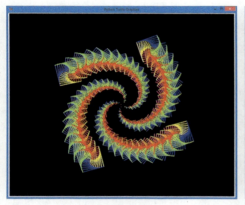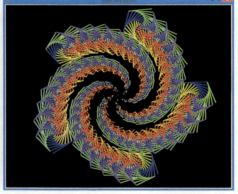

图 4-7　由（在每个拐角处的）正方形螺旋线组成的一个正方形螺旋线（左图）和由五边形螺旋线组成的一个五边形螺旋线（右图）都是由 ViralSpiral.py 程序生成的

在等待这个程序运行的时候，我们会注意到嵌套循环的一个缺点：绘制图 4-7 所示的图形所需要的时间，比绘制简单的螺旋线所需的时间要长。这是因为，和简单的螺旋线程序相比，我们要执行更多的步骤。实际上，当使用 ViralSpiral.py 程序绘制 6 条边的版本的时候，最终的绘图是由 2 532 条单独的线段组成的。

所有这些绘制命令，加上转弯和设置钢笔颜色，加在一起是很大的工作

量，即便对于较快的计算机来说也是如此。嵌套循环很有用，但是记住，额外的步骤可能会使得程序慢下来，因此，只有当效果值得等待的时候，我们才使用嵌套循环。如下是ViralSpiral.py的完整代码。

ViralSpiral.py

```python
import turtle
t = turtle.Pen()
t.penup()
turtle.bgcolor("black")
# Ask the user for the number of sides, default to 4, min 2, max 6
sides = int(turtle.numinput("Number of sides",
            "How many sides in your spiral of spirals? (2-6)", 4,2,6))
colors = ["red", "yellow", "blue", "green", "purple", "orange"]
# Our outer spiral loop
for m in range(100):
    t.forward(m*4)
    position = t.position() # Remember this corner of the spiral
    heading = t.heading()   # Remember the direction we were heading
    print(position, heading)
    # Our "inner" spiral loop
    # Draws a little spiral at each corner of the big spiral
    for n in range(int(m/2)):
        t.pendown()
        t.pencolor(colors[n%sides])
        t.forward(2*n)
        t.right(360/sides - 2)
        t.penup()
    t.setx(position[0])          # Go back to the big spiral's x location
    t.sety(position[1])          # Go back to the big spiral's y location
    t.setheading(heading)        # Point in the big spiral's heading
    t.left(360/sides + 2)        # Aim at the next point on the big spiral
```

4.6　本章小结

在本章中，我们学习了构建自己的循环，即识别程序中需要重复的步骤并且将这些重复的步骤移动到正确的循环类型之中。使用for循环，我们能够运行代码达到一定的次数，例如，通过for x in range(10)循环10次。使用while循环，我们可以运行代码直到一个条件或事件发生为止，例如，通过while name != ""，当用户没有在输入提示中输入内容的时候，循环终止。

我们还了解到，创建的循环会改变一个程序的流程。我们使用range()函数来生成值的一个列表，这些值允许我们控制for循环重复的次数并且使用模除操作符%来遍历一个列表中的值，以便根据列表中的颜色值来改变颜色、从名字列表选取名字等。

我们使用空列表[]和append()函数，将用户输入的信息添加到可供程序使用的一个列表中。我们了解了len()函数可以获知一个列表的长度，也就是列表中包含了多少个值。我们学习了如何使用t.position()和t.heading()函数记录海龟的当前位置和它朝向的方向以及如何使用t.setx()、t.sety()和t.setheading()函数让海龟回到该位置和方向。

最后，我们介绍了如何使用嵌套循环在另一组指令之中重复一组指令，先是将一个名字列表打印到屏幕上，然后是创建由螺旋线组成的螺旋线以呈现万花筒的样式。在这个过程中，我们将线条、圆、以及单词组成的字符串或名字绘制到了屏幕之上。

现在，我们应该能够做如下的事情：

- 创建自己的for循环将一组指令重复一定的次数；
- 使用range()函数生成值的一个列表以控制for循环；
- 创建空列表并且使用append()函数向空列表中添加值；
- 创建自己的while循环——当一个条件为True的时候重复while循环而当该条件为假的时候停止while循环；
- 说明每种类型的循环是如何工作的以及如何用Python代码编写它们；
- 给出应该使用每种循环的情况的例子；
- 设计和修改使用嵌套循环的程序。

4.7 编程挑战

尝试这些挑战来练习我们在本章中所学习的知识（如果遇到困难，访问http://www.nostarch.com/teachkids/寻找示例解答）。

#1: 螺旋线玫瑰花瓣

我们考虑如何修改ViralSpiral.py程序，以便将小的螺旋线替换为诸如Rosette6.py和RosetteGoneWild.py程序中的玫瑰花瓣。

提示：我们首先使用绘制玫瑰花瓣的一个内部循环来替换原来的内部循环，然后添加代码修改每一个玫瑰花瓣中的圆的颜色和大小。作为一个额外的步骤，我们可以随着圆变得越来越大，略微修改钢笔的宽度。当完成之后，我们将新的程序保存为SpiralRosettes.py。图4-8展示了这个挑战的解决方案所绘制的结果。

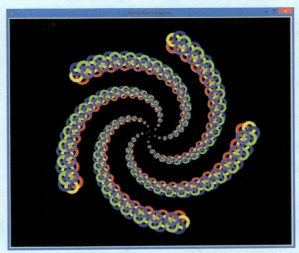

图 4-8 编程挑战 #1 的解决方案所绘制出的玫瑰花瓣组成的螺旋线

#2：家庭成员名字螺旋线

绘制出我们的家人的名字组成的螺旋线是不是很酷？我们来看一下 Spiral Family.py 程序并且参考 ViralSpiral.py 的代码，在绘制小螺旋线的 SpiralFamily.py 中的 for 循环之中创建一个内部循环；然后，修改外部循环，在绘制每一个小的螺旋线之前，记住海龟的位置和方向；在继续开始下一条大的螺旋线的位置之前，将海龟设置回到原来的位置和方向。完成之后，我们将新的程序保存为 ViralFamilySpiral.py。

第 5 章
条件（如果是这样该怎么办？）

　　除了快速和准确，评价计算机的功能的另一项指标是它们评估信息以及快速做出小的决策的能力。例如，一个自动调温器需要不断地检测温度，只要温度低于某个值，就要打开加热，而温度高于某个值，就要打开降温；前面的汽车突然停下来的时候，全新的汽车传感器，能够比我们更快地做出反应并启动刹车；垃圾过滤系统能够阻拦数十封邮件以保证我们的收件箱整齐干净。

在这些例子中的每一个之中，计算机都要检查一组条件：温度是不是太低了，汽车的行驶路线上是不是有障碍，电子邮件看起来像不像是垃圾邮件。

在第4章中，我们看到了使用条件来做出判断的一种语句，即while语句。在那些示例中，条件告诉while循环要运行多少次。如果判断"是否"需要运行一组语句，该怎么办呢？假设我们要编写一个程序，让用户来确定在其螺旋线上是要使用圆还是其他的形状。或者，如果我们想要圆，也想要其他的形状，如图5-1所示，该怎么办呢？

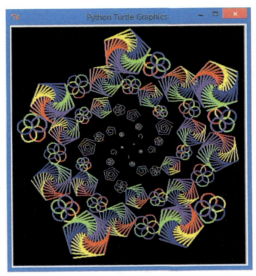

图5-1　通过一条if语句实现的由玫瑰花瓣和小螺旋线组成的螺旋线

if语句使得所有这些成为可能。if语句询问某些事情是否为真，并且根据回答判断是执行一组操作还是略过它们。如果大厦中的温度正好，加热系统和空调系统都不需要运行；但是，如果太热或者太冷，这些系统就要运行。如果外面下雨，我们需要带上伞；否则的话，不必带伞。在本章中，我们学习如何编程让计算机根据一个条件为真或假来做出决策。

5.1　if 语句

if语句是一个重要的编程工具。它允许我们根据一个条件或一组条件，告诉计算机是否运行一组指令。使用一条if语句，我们可以让计算机做出选择。

if语句的语法，也就是编写一条if语句以便计算机能够理解它的方式，如下所示。

```
if condition:
    indented statement(s)
```

if语句中测试的条件通常是一个布尔表达式，或一个真/假测试。布尔表达式的结果为True或False。当一条if语句中使用布尔表达式的时候，就指定了如果该表达式为真的话想要执行的一个操作或一组操作。如果该表达式为真，程序将运行缩进的语句；但是，如果表达式为假，程序将略过这些语句并从下一行未缩进的代码开始继续运行剩下的程序。

IfSpiral.py给出了代码中的一条if语句的例子。

IfSpiral.py

```
❶ answer = input("Do you want to see a spiral? y/n:")
❷ if answer == 'y':
❸     print("Working...")
      import turtle
      t = turtle.Pen()
      t.width(2)
❹     for x in range(100):
❺         t.forward(x*2)
❻         t.left(89)
❼ print("Okay, we're done!")
```

在❶处，IfSpiral.py程序的第1行请求用户输入"y"或"n"，来表示它们是否想要看到一个螺旋线并且将用户相应存储到answer中。在❷处，if语句检查answer是否等于'y'。注意，测试"等于"的操作符使用的是两个等号==，这和赋值操作符不同，赋值操作符是一个等号（在❶处）。==操作符检查answer是否等于'y'。如果是相等的，if语句中的条件为真。当要测试一个变量看看它是否包含了用户所输出的一个单个的字符时，我们使用一对单引号(')把一个字母或其他的字符括起来。

如果❷处的条件为真，我们在❸处在屏幕上打印出"Working..."，然后在屏幕上绘制一个螺旋线。注意，❸处的print语句以及绘制螺旋线的语句，一直向下到❻处，都是缩进的。只有在❷处的条件为真的时候，这些缩进的语句才会执行。否则的话，程序会一直略过，直到❼处并且只是打印出"Okay, we're done!"。

位于❹处的for循环更缩进了一步（❺和❻）。这是因为它们都属于该for语句。就像我们在第4章中提过，通过缩进嵌套的循环，从而在一个循环之内再添加一个循环，我们也可以通过缩进整个循环从而将循环放置到一条if语句中。

一旦完成了螺旋线，程序会回到❼处并告诉用户已经完成了。如果用户在❶处输入了"n"或"y"之外的任何其他内容的话，程序也会跳到这一行。记住，如果在❷处的条件为False的话，从❸到❻的整个if语句块都会被略过。

我们在一个新的IDLE窗口中输入IfSpiral.py，或者从http://www.nostarch.com/teachkids/下载它，运行几次，测试一下不同的答案。如果提示输入的时候，我们输入了字母"y"，将会看到如图5-2所示的一个螺旋线。

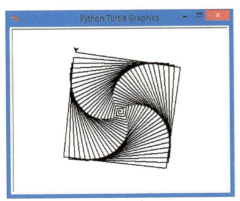

图5-2　如果对IfSpiral.py的问题回答"y"将会看到这样的一条螺旋线

如果输入了小写字母y以外的其他内容，或者输入多于一个字符，程序会打印出"Okay, we're done!"并结束。

5.2　认识布尔值

布尔表达式，或者说条件表达式（conditional expression），是一种重要的编程工具：计算机做决策的能力取决于它将布尔表达式求解为True或False的能力。我们必须使用计算机语言来告诉它我们想要测试的条件。Python中的条件表达式的语法如下。

---

expression1 conditional_operator expression2

每个表达式都可以是一个变量、一个值或其他的表达式。在IfSpiral.py中，answer == 'y'是一个条件表达式，其中answer是第一个表达式，'y'是第二个表达式。条件操作符==负责检查answer是否等于'y'。除了==，Python中还有很多其他的条件操作符。让我们来认识其中的一些。

5.2.1 比较操作符

最常用的条件操作符是比较操作符，它们允许我们测试两个值，看看如何比较二者：其中一个值比另一个值大还是小？它们相等吗？使用一个比较操作符进行的每一次比较，都是一个条件，将会计算为True或False。现实世界中一个比较的例子就是，当我们输入一个密码来进入一栋大厦的时候，布尔表达式接受了所输入的密码并且将其与正确的密码进行比较，如果输入的密码和正确的密码一致（相等），表达式结果为True，门打开了。

比较操作符如表5-1所示。

表 5-1 Python 比较操作符

数学符号	Python 操作符	含义	示例	结果
<	<	小于	1 < 2	True
>	>	大于	1 > 2	False
≤	<=	小于或等于	1 <= 2	True
≥	>=	大于或等于	1 >= 2	False
=	==	等于	1 == 2	False
≠	!=	不等于	1 != 2	True

我们在第3章中见到过一些数学操作符，Python中的一些操作符和数学操作符不同，这使得更容易在标准键盘上录入它们。小于和大于使用的符号和我们所习惯的用法相同，分别是<和>。

对于小于或等于，Python将小于符号和等号一起使用，即<=，之间没有空格。对于大于或等于来说，也是一样的，使用>=。记住，我们不要在两个符号之间放置等号，因为这么做将会在程序中导致错误。

测试两个值是否相等的符号是两个等号==，因为单个的等号已经用作赋值操作符了。表达式x = 5是把值5赋给了变量x，而
x == 5则是测试x是否等于5。将两个等号读作"等
于"，这么做是有帮助的，这样可以避免常见的写法
错误，例如，程序中正确的写法是if x == 5（"如果x
等于5"），却写成了if x = 5。

测试两个值是否不等的操作符是!=，即一个叹号
后面跟着一个等号。当我们在一条语句中看到!=的时
候，就读出"不等于"，这样能够更容易记住这个组
合。例如，我们可以将if x != 5读作"如果x不等于5"。

涉及条件操作符的一个测试的结果，是一个布尔值，结果为True或
False。我们打开Python shell并尝试输入图5-3所示的一些表达式，Python将
会用True或False作出回应。

图5-3　在Python shell中测试条件表达式

我们首先打开shell并输入x = 5创建一个名为x的变量，其中保存了值5。
在第2行，我们通过输入x本身来查看其值，shell将返回其值5。第一个条件
表达式是x > 2，或者说是"x大于2"。下一个表达式是x < 2（x小于2），当x
等于5的时候，结果为假，因此，Python返回"False"。剩下的条件使用了<=
（小于或等于）、>=（大于或等于）、==（等于）和!=（不等于）操作符。

每个条件表达式都将在Python中计算为True或False。这是唯一的两个布
尔值，并且True中的T和False中的F都必须要大写。True和False是Python中
内建的常量值。如果我们把True输入为true，而没有将T大写的话，Python将
无法理解；对于False来说也是这样的。

5.2.2 你还不够大！

让我们编写一个程序，使用布尔表达式来看看我们的年龄是否够开车，在一个新的窗口中输入如下的代码并将其保存为OldEnough.py。

OldEnough.py

```
❶ driving_age = eval(input("What is the legal driving age where you live? "))
❷ your_age = eval(input("How old are you? "))
❸ if your_age >= driving_age:
❹     print("You're old enough to drive!")
❺ if your_age < driving_age:
❻     print("Sorry, you can drive in", driving_age - your_age, "years.")
```

在❶处，我们询问用户在他们所在的地区的合法驾车年龄，求得他们输入的数字并将这个值存储到一个名为driving_age的变量中。在❷处，询问用户当前的年龄并将其存储到your_age变量中。

❸处的if语句检查用户的当前年龄是否大于或等于开车年龄。如果❸处得到True，程序运行❹处的代码并且打印出"You're old enough to drive!"。如果❸处的条件为False，程序将跳过❹处并进入❺处。在❺处，我们检查用户的年龄是否小于驾车年龄。如果是的，程序运行❻处的代码，用driving_age减去your_age并打印出结果，告诉用户还需要等多少年才能够开车。图5-4展示了我儿子和我运行该程序的结果。

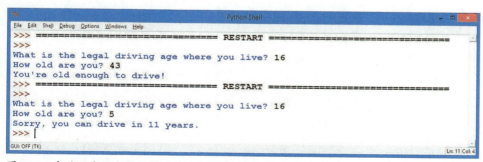

图5-4　在美国我的年龄足够开车了但我5岁的儿子还不行

唯一的缺陷在于，❺处的最后一条if语句给人的感觉有点多余。如果在❸处，用户达到开车年龄了，我们应该不需要再测试来看看他们是否太小，因为已经知道他们不会是那种情况。如果在❸处，用户不够年龄，我们也不需要在❺处测试他们是否太小，因为我们已经知道了他们就是太小。如果Python有一种方法能够去掉这种冗余的代码该多好啊！恰好Python确实有一种简便、快捷的方法能够处理像这样的情况。

5.3 else 语句

我们常常想要让程序这样，如果一个条件为True的话，做一件事情；如果条件为False的话，做另外一些事情。实际上，这种情况如此常见，以至于有一种快捷的方式，即else语句，它允许我们测试一个条件是否为真而不必再执行另一个测试来看它是否为假。else语句只能够在if语句之后使用而不能单独使用，因此，有时候我们将这两条语句一起称为if-else语句，其语法如下所示。

```
if condition:
    indented statement(s)
else:
    other indented statement(s)
```

如果一条if语句中的条件为真，if下面缩进的语句就会执行并且else及其所有的语句就会略过。如果if语句中的条件为假，程序会直接跳到else后面的缩进的语句并执行这些语句。

我们可以重新编写OldEnough.py，使用一条else语句以删除多余的条件测试（your_age < driving_age）。这不仅会使得代码更短、更容易阅读，而且会有助于防止在两个条件中出现编程错误。例如，如果我们在第1条if语句中测试your_age > driving_age，而在第2条if语句中测试your_age < driving_age，我们可能会意外地漏掉了your_age == driving_age的情况。通过成对地使用if-else语句，我们可以只是测试if your_age >= driving_age，看看我们是否足够大能够开车，如果够了年龄的话就通知我们，否则的话就执行else语句并打印出我们还必须等待多少年才能够开车。

如下是OldEnoughOrElse.py程序，这是OldEnough.py的一个修改版本，它使用了一条if-else语句而不是两条if语句。

OldEnoughOrElse.py

```
driving_age = eval(input("What is the legal driving age where you live? "))
your_age = eval(input("How old are you? "))
if your_age >= driving_age:
    print("You're old enough to drive!")
else:
    print("Sorry, you can drive in", driving_age - your_age, "years.")
```

这两个程序之间的唯一的区别是，我们使用一条更简短的else语句，替换了第二条if语句。

5.3.1　多边形或玫瑰花瓣

作为一个可视化的示例，我们可以要求用户输入他们想要绘制的是带有一定数目边的多边形（三角形、正方形、五边形等），还是由一定数目的圆组成的玫瑰花瓣。根据用户的选择（p表示多边形，r表示玫瑰花瓣），我们可以绘制正确的形状。

我们输入并运行PolygonOrRosette.py这个示例，它有一条成对的if-else语句。

PolygonOrRosette.py

```
   import turtle
   t = turtle.Pen()
   # Ask the user for the number of sides or circles, default to 6
❶  number = int(turtle.numinput("Number of sides or circles",
               "How many sides or circles in your shape?", 6))
   # Ask the user whether they want a polygon or rosette
❷  shape = turtle.textinput("Which shape do you want?",
                           "Enter 'p' for polygon or 'r' for rosette:")
❸  for x in range(number):
❹      if shape == 'r':          # User selected rosette
❺          t.circle(100)
❻      else:                     # Default to polygon
❼          t.forward (150)
❽      t.left(360/number)
```

在❶处，我们请用户输入边数（针对多边形）或圆（针对玫瑰花瓣）。在❷处，我们让用户可以在表示多边形的p或表示玫瑰花瓣的r之间做出选择。运行该程序几次，用不同数目的边/圆来尝试每种选项，看看❸处的for循环是如何工作的。

注意，❸到❽都是缩进，因此，它们是❸处的for循环的一部分并且会执行用户在❶处输入的边的数目或圆的数目所指定的那么多次。❹处的if语句检查用户是否输入了r要绘制玫瑰花瓣，如果是这样，将执行❺处的代码并在该位置绘制一个圆作为玫瑰花瓣的一部分。如果用户输入了p，或者输入了r之外的任何内容，程序将选择❻处的else语句并在❼处默认地绘制一条线，来创建一个多边形的一条边。最后，在❽处，我们向左旋转正确的度数（360°除以边数或者组成花瓣的圆的数目）并且保持从❸到❽循环，直到形状完成。示例如图5-5所示。

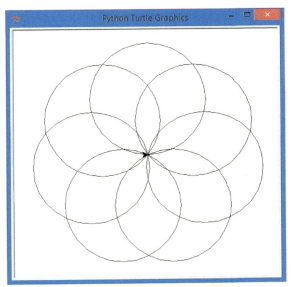

图5-5 用户输入7个边和r绘制玫瑰花瓣时PolygonOrRosette.py程序的运行结果

5.3.2 偶数还是奇数

if-else语句不仅可以测试用户输入，我们也可以使用它来交替生成如图5-1所示的图形，每次循环变量改变的时候，我们使用一条if语句来测试它，看看它是偶数还是奇数。每当执行偶数循环的时候，例如，当我们的变量等于0、2、4等的时候，我们可以绘制一个玫瑰花瓣；而每当执行奇数循环的时候，我们可以绘制一个多边形。

为了做到这一点，我们需要知道如何检测一个数字是奇数还是偶数。考虑一下如何判断一个数字是偶数，这意味着，偶数能够被2整除。有没有一种方法能够检查一个数字能否被2整除呢？"整除"意味着没有余数。例如，4是偶数，或者说能够被2整除，因为4÷2＝2而没有余数。5是奇数，因为5÷2＝2还余1。因此，偶数除以2的余数为0，奇数除以2的余数为1。还记得求余数的操作符吗？对了，这就是我们的老朋友，模除操作符%。

在Python代码中，我们可以创建一个循环变量m并通过测试m % 2 == 0来检查m是否为偶数，也就是说，检查m除以2的时候余数是否为0。

```python
for m in range(number):
    if (m % 2 == 0): # Tests to see if m is even
        # Do even stuff
    else:            # Otherwise, m must be odd
        # Do odd stuff
```

让我们修改一个螺旋线程序，以便在一个大螺旋线中在偶数的角绘制玫瑰花瓣，而在奇数的角绘制多边形。我们将使用一个较大的for循环来绘制大螺旋线，用一条if-else语句来检查是要绘制一个玫瑰花瓣还是绘制一个多边形，用两个较小的内部循环来绘制一个玫瑰花瓣或是一个多边形。这会比我们目前为止所见到的程序都要长，但是，注释会帮助我们说明程序在做什么。我们输入如下的RosettesAndPolygons.py程序并运行，确保检查for循环和if语句的缩进是正确的。

RosettesAndPolygons.py

```python
# RosettesAndPolygons.py - a spiral of polygons AND rosettes!
import turtle
t = turtle.Pen()
# Ask the user for the number of sides, default to 4
sides = int(turtle.numinput("Number of sides",
            "How many sides in your spiral?", 4))
# Our outer spiral loop for polygons and rosettes, from size 5 to 75
❶ for m in range(5,75):
    t.left(360/sides + 5)
❷   t.width(m//25+1)
❸   t.penup()           # Don't draw lines on spiral
    t.forward(m*4)      # Move to next corner
❹   t.pendown()         # Get ready to draw
    # Draw a little rosette at each EVEN corner of the spiral
❺   if (m % 2 == 0):
❻       for n in range(sides):
            t.circle(m/3)
            t.right(360/sides)
    # OR, draw a little polygon at each ODD corner of the spiral
❼   else:
❽       for n in range(sides):
            t.forward(m)
            t.right(360/sides)
```

我们来看看这个程序是如何工作的。在❶处，我们创建了一个范围从5 ~ 75的for循环；我们之所以略过了0到4，是因为宽度为4个像素的图形很难看得到或者说太小了。我们旋转螺旋线，然后，在❷处使用整除，在每次达到第25个图形之后让钢笔变得更宽（厚）。随着形状变得越来越大，线条也变得越来越粗，如图5-6所示。

在❸处，我们将海龟钢笔抬起离开屏幕并向前移动，从而不会在玫瑰花瓣和多边形之间绘制线条。在❹处，我们将钢笔放回去并且准备好在大螺旋线的一角绘制一个形状。在❺处，我们测试循环变量m，看是否要在一个偶数角绘制，如果m是偶数（m % 2 == 0），我们使用❻处的for循环绘制玫瑰花瓣；否则的话，❼处的else告诉我们，使用从❽处开始的for循环绘制一个多边形。

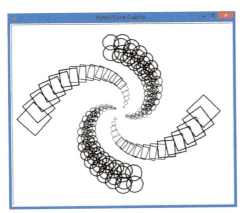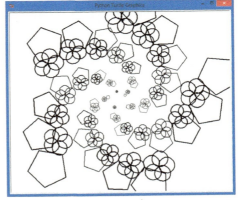

图5-6　使用用户输入4个边（上图）和5个边（下图）分别运行RosettesAndPolygons.py程序

注意，当我们使用一个偶数的边数的时候，交替的图形形成了螺旋线的各条腿，如图5-6所示。但是，当边数为奇数的时候，螺旋线的每一条腿都交替地使用偶数的（玫瑰花瓣）形状和奇数的（多边形）形状。如果使用颜色，再进行一些思考，我们可以让这个程序绘制出如图5-1所示的设计图案。if-else语句给我们的编程工具箱增加了另一个维度。

5.4　elif 语句

if语句还有一种更为有用的插件，即elif子句。当我们需要检查两个以上可能的输出结果的时候，elif是将if-else语句串在一起的一种方法。考虑一下学校的字母评级法：如果在一次考试中得分为98，老师可能会根据评分分级标准给我们一个A或A+的分数。但是，如果我们的得分较低，就不止是一个分级了（从A到F有多个选项，感谢上帝）。老师可能会使用几种可能的分级：A、B、C、D或F。

这正是一条或一组elif语句的用武之地。让我们来看一个10分评级的例子，其中90或以上的得分为A级，80-89为B级，依次类推。如果我们的得分是95，我们打印出来的字母分级是A并且跳过所有其他的选项。类似的，如果我们的得分为85，我们不需要再测试B以后的情况。if-elif-else构造帮助我们以一种直接的方式做到这一点。我们尝试运行如下的WhatsMyGrade.py程序并且输入0 ~ 100不同的值。

WhatsMyGrade.py

```
❶ grade = eval(input("Enter your number grade (0-100): "))
❷ if grade >= 90:
      print("You got an A! :) ")
❸ elif grade >= 80:
      print("You got a B!")
❹ elif grade >= 70:
      print("You got a C.")
❺ elif grade >= 60:
      print("You got a D...")
❻ else:
      print("You got an F. :( ")
```

在❶处，我们用一个input()提示向用户请求从0 ~ 100的一个数字分数，使用eval()函数将其转换为一个数字并将其存储到grade变量中。在❷处，我们将用户的得分和值90进行比较，90是字母分级A的下限。如果用户输入的分数是90分或更高，Python会打印出"got an A! :)"并略过其他的elif和else语句继续程序的其他部分。如果分数不是90或更高，我们继续到❸处检查分级B。接下来，如果分数是80或更高，程序会打印出正确的分级并且略过其他的else语句。否则的话，❹处的elif语句会检查分级C，❺处的elif语句会检查分级D，最后60分以下的任何分数都会运行到❻并且else语句输出"You got an F. :("。

我们也可以使用if-elif-else语句来测试跨越多个范围值的一个变量。然而有时候，我们需要测试多个变量。例如，当判断某一天穿什么衣服的时候，我们需要知道温度（暖和或是寒冷）以及天气（晴天还是雨天）。要将条件语句组合起来，我们还需要学习一些技巧。

5.5 复杂条件——if、and、or 和 not

有时候，单个一个条件语句还不够。如果我们想要知道天气是暖和的晴天还是寒冷的雨天，该怎么办呢？我们考虑一下本章中的第一个程序，其中，如果想要绘制一个螺旋线的话，回答"y"，前两行请求输入并检查输入是否是y。

```
answer = input("Do you want to see a spiral? y/n:")
if answer == 'y':
```

要看到螺旋线，用户必须准确地输入"y"；只有这一个答案是能够接受的。即便是类似的答案，例如大写字母Y或者单词yes，也无法工作，因为我们的if语句只是检查输入是否是y。解决Y和y的问题的一种简单方法是，使用lower()函数，它会将字符串全部变为小写。我们可以在IDLE中尝试一下。

```
>>> 'Yes, Sir'.lower()
'yes, sir'
```

lower()函数将Yes、Sir中的大写字母Y和S都改为小写，保持字符串其他的内容不变。我们可以针对用户的输入使用lower()，以便不管用户输入"Y"还是"y"，if语句中的条件都能够为True。

```
if answer.lower() == 'y':
```

现在，如果用户输入"Y"或"y"，程序检查其答案的小写版本是否是y。但是，如果我们想要检查完整的单词Yes，还需要一个复合if语句（compound if statement）。

复合if语句有点像复合语句："我想要去商店并且想要买一些杂物"。当我们想要多做一些事情，而不只是检查一个条件是否为真的时候，复合if语句很有用。我们可能想要测试这个条件和（and）另一个条件是否都为真，也可能想要测试一个条件或者（or）另一个条件为真，或者，可能想要看看条件是否不（not）为真。我们日常生活中也会做这些事情。我们会说，"如果很冷而且下雨，我要穿上厚厚的雨衣"，"如果刮风或者很冷，我要穿一件夹克"，或者"如果没有下雨，我要穿我喜欢的鞋子"。

在构建一条复合if语句的时候，我们使用表5-2所示的逻辑操作符之一。

表 5-2 逻辑操作符

逻辑操作符	用法	结果
and	if(condition1 and condition2):	只有 condition1 和 condition2 都为 True 的时候，结果才为 True
or	if(condition1 or condition2):	只要 condition1 和 condition2 有一个为 True，结果就为 True
not	if not(condition)	如果 condition 为 False 的话，结果为 True

我们可以使用or操作符来检查用户输入的"y"还是"yes"，而这二者都有效。

```
answer = input("Do you want to see a spiral? y/n:").lower()
if answer == 'y' or answer == 'yes': # Checks for either 'y' or 'yes'
```

现在，我们来测试这两个条件是否有一个为True。如果某一个为True，用户将会看到螺旋线。注意，我们在or关键字的两边都编写了完整的条件：answer == 'y' or answer == 'yes'。新手程序员常犯的一个错误是，省略第2个"answer =="以试图缩短or条件。记住，使用一条or语句的正确的方法是分别考虑每一个条件。如果一个or连接起来的任何一个条件结果为True，那么，整条语句都为真，但是，每个条件都必须是完整的，语句才能工作。

使用and的一个复合条件也是类似的，但是，and要求语句中的每个条件都为真，整条语句才会求得真。例如，我们编写一个程序来根据天气决定穿什么衣服。我们在一个新的窗口中输入WhatToWear.py，或者从http://www.nostarch.com/teachkids/下载该程序，然后运行它。

WhatToWear.py

```
❶ rainy = input("How's the weather? Is it raining? (y/n)").lower()
❷ cold = input("Is it cold outside? (y/n)").lower()
❸ if (rainy == 'y' and cold == 'y'):        # Rainy and cold, yuck!
       print("You'd better wear a raincoat.")
❹ elif (rainy == 'y' and cold != 'y'):      # Rainy, but warm
       print("Carry an umbrella with you.")
❺ elif (rainy != 'y' and cold == 'y'):      # Dry, but cold
       print("Put on a jacket, it's cold out!")
❻ elif (rainy != 'y' and cold != 'y'):      # Warm and sunny, yay!
       print("Wear whatever you want, it's beautiful outside!")
```

在❶处，我们询问用户外面是否下雨，在❷处，询问外面是否冷。我们还通过在这两行的input()函数的末尾添加lower()函数，以确保存储到rainy和cold变量中的答案是小写的。使用这两个条件（是否下雨和是否冷），我们可以帮助用户判断应该穿什么。在❸处，复合if语句检查是否既下雨又冷；如果是的，程序建议穿上厚雨衣。在❹处，程序检查是否下雨但不冷，对于下雨但不冷的天气，建议带上雨伞。在❺处，我们检查是否没有下雨（rainy != 'y'）但是仍然很冷，这种情况下需要穿夹克。最后，在❻处，如果没有下雨也不冷，我们可以穿上想穿的任何衣服。

5.6　秘密消息

　　既然理解了如何使用条件，我们打算学习如何使用凯撒密码来对秘密消息进行加密和解密。密码（cipher）是一种秘密代码，或者说是修改消息使其变得难以阅读的一种方式。凯撒密码（Caesar cipher）的名字来源于朱利乌斯·凯撒，据说他喜欢通过移动字母在字母表中的顺序来给别人发送秘密消息。

SECRET MESSAGES ARE SO COOL! -> FRPERG ZRFFNTRF NER FB PBBY!

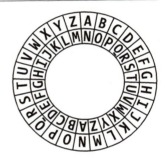

　　我们可以使用一个加密环来创建一个简单的凯撒密码，如图5-7所示。要创建加密的消息，取决于秘钥（key），或者说想要将每个字母移动的字母数字。如图5-7所示，在加密的消息中，每个字母都以13为秘钥值进行移动，这意味着，我们用字母进行加密并且在字母表中向后数13个字母，就得到了加密后的字母。例如，A变成了N，B变成了O，依此类推。

图 5-7　一个凯撒密码

　　有时候，我们称这种移动为一次旋转（rotation），因为当我们得到字母M的时候（加密后变为Z），加密后就到了字母表的末尾。为了能够对N加密，我们又折返到了字母A；O折返到了B，依次进行，直到Z变成了M。这里给出了凯撒密码以13为秘钥值的一个查找表，其中，每一个字母都移动了13个字母以进行加密或解密。

A B C D E F G H I J K L M N O P Q R S T U V W X Y Z
N O P Q R S T U V W X Y Z->A B C D E F G H I J K L M

　　注意到这当中的模式了吗？字母A加密为字母N，N加密为A。我们称这是一种对称式密码（symmetric cipher或symmetric code），即在加密和解密两个方向上是相同的。我们可以使用相同的秘钥值13来加密和解密消息，因为英文字母一共有26个，秘钥值13意味着我们要将每个字母都旋转刚好半圈。我们可以用自己的一条消息来尝试一下：HELLO -> URYYB -> HELLO。

　　如果我们可以编写一个程序来查找秘密消息中的每一个字母，然后，通过将该字母向右移动13个字母来加密它，我们就可以将加密后的消息发送给拥有相同的程序的人（或者是知道密码模式的人）。要编写一个程序来操作字符串中的单个的字母，我们需要使用Python中操作字符串的一些技巧。

5.6.1 打乱字符串

Python拥有操作字符串的强大函数。一些内建函数，它们能将一个字符串的字符修改为全部大写的函数；将单个的字符修改为与其对等的数值的函数；告诉我们一个单个的字符是一个字母、数字还是其他的符号。

我们先来看将一个字符串修改为全部是大写字母的函数。为了让加密/解密程序更容易理解，我们想要将消息改为全部是大写字母，以便能够只加密一组26个字母（从A到Z），而不需要加密两组字母（从A到Z和从a到z）。将一个字符串转换为全部都是大写字母的函数是upper()。对于点号（.）之前的任何字符串，upper()都会返回字母全部大写的相同字符串，而其他的字符则不会改变。在Python shell中，我们尝试在引号中输入自己的名字或任何其他的字符串，后面跟着.upper()，可以看到这个函数是如何工作的。

```
>>> 'Bryson'.upper()
'BRYSON'
>>> 'Wow, this is cool!'.upper()
'WOW, THIS IS COOL!'
```

正如我们在前面看到的，lower() 函数将大写转换为小写。

```
>>> 'Bryson'.lower()
'bryson'
```

我们可以用isupper() 函数检查一个单个字符是否为一个大写字母。

```
>>> 'B'.isupper()
True
>>> 'b'.isupper()
False
>>> '3'.isupper()
False
```

我们可以用islower() 函数检查一个单个的字符是否是一个小写字母。

```
>>> 'P'.islower()
False
>>> 'p'.islower()
True
```

字符串是字符的一个集合，因此，在Python中使用一个for循环来遍历字符串，就可以将字符串分解为单个的字符。这里，letter将遍历字符串变量message中的每一个字符。

```
for letter in message:
```

最后，我们可以使用常规的加号操作符（+）将字符串加起来，或者将字母加到字符串的后面。

```
>>> 'Bry' + 'son'
'Bryson'
>>> 'Payn' + 'e'
'Payne'
```

这里，我们将第2个字符串加到了第1个字符串的末尾。将字符串加到一起叫作添加（appending），也可以将字符串的相加称为连接（concatenation），只需要记住这是一个有趣的词，表示将两个或更多的字符串加到一起。

5.6.2 字符的值

构建加密/解密程序所需要的最后一项工具，就是能够对单个的字符执行数学运算，例如，给字母A的值加上13得到字母N。Python有一两个函数能够做到这一点。

每一个字母、数字和符号在存储到计算机中的时候，都需要转换为一个数字值。最流行的数字系统之一是ASCII（American Standard Code for Information Interchange，美国标准信息交换码）。表5-3给出了一些关键字字符的ASCII值。

表 5-3 标准 ASCII 字符对应的数值

值	符号	说明	值	符号	说明
32		空格	65	A	大写字母 A
33	!	惊叹号	66	B	大写字母 B
34	"	双引号	67	C	大写字母 C
35	#	井号	68	D	大写字母 D
36	$	美元符号	69	E	大写字母 E
37	%	百分号	70	F	大写字母 F
38	&	& 符号	71	G	大写字母 G
39	'	单引号	72	H	大写字母 H
40	(	开始圆括号	73	I	大写字母 I
41	)	结束圆括号	74	J	大写字母 J
42	*	星号	75	K	大写字母 K
43	+	加号	76	L	大写字母 L

值	符号	说明	值	符号	说明
44	,	逗号	77	M	大写字母 M
45	-	连字符号	78	N	大写字母 N
46	.	句点	79	O	大写字母 O
47	/	斜杠	80	P	大写字母 P
48	0	0	81	Q	大写字母 Q
49	1	1	82	R	大写字母 R
50	2	2	83	S	大写字母 S
51	3	3	84	T	大写字母 T
52	4	4	85	U	大写字母 U
53	5	5	86	V	大写字母 V
54	6	6	87	W	大写字母 W
55	7	7	88	X	大写字母 X
56	8	8	89	Y	大写字母 Y
57	9	9	90	Z	大写字母 Z
58	:	冒号	91	[	开始方括号
59	;	分号	92	\	反斜杠
60	<	小于号	93	]	结束方括号
61	=	等于号	94	^	脱字符号
62	>	大于号	95	_	下划线
63	?	问号	96	`	重音符号
64	@	At 符号	97	a	小写 a

将字符转换为其 ASCII 数值的 Python 函数是 ord()。

```
>>> ord('A')
65
>>> ord('Z')
90
```

它的逆函数为 chr()。

```
>>> chr(65)
'A'
>>> chr(90)
'Z'
```

这个函数将一个数值转换为其对应的字符。

5.6.3　加密 / 解密程序

　　有了所有这些片段，我们可以以将它们组合为一个程序，来接受一条消息并将它们全部转换为大写字母。然后，程序遍历消息中的每一个字符，如果这个字符是一个字母，将其移动13位以加密或解密，将该字母添加到一条输出消息中并打印出输出消息。

EncoderDecoder.py

```
   message = input("Enter a message to encode or decode: ") # Get a message
❶  message = message.upper()                # Make it all UPPERCASE :)
❷  output = ""                              # Create an empty string to hold output
❸  for letter in message:                   # Loop through each letter of the message
❹      if letter.isupper():                 # If the letter is in the alphabet (A-Z),
❺          value = ord(letter) + 13         # shift the letter value up by 13,
❻          letter = chr(value)              # turn the value back into a letter,
❼          if not letter.isupper():         # and check to see if we shifted too far
❽              value -= 26                   # If we did, wrap it back around Z->A
❾              letter = chr(value)           # by subtracting 26 from the letter value
❿      output += letter                     # Add the letter to our output string
   print("Output message: ", output)        # Output our coded/decoded message
```

第1行提示用户输入一条消息以进行加密或解密。在❶处，upper()函数将该消息转换为全部都是大写字母，以便让程序更容易读取字母并进行加密。在❷处，我们创建一个名为output的空字符串（" "之间没有任何内容），将加密的消息一个字母接一个字母地存储到其中。❸处的for循环利用Python把字符串当作字符的集合这一事实，变量letter将一次一个字符地遍历字符串message。

在❹处，isupper()函数检查消息中的每一个字符，看看它是不是一个大写字母（从A到Z）。如果是，那么在❺处，我们使用ord()得到字母在ASCII中的数值并将其加上13以进行加密。在❻处，我们使用chr()将新的、加密的值转变为字符，在❼处，检查它是否还是从A到Z的一个字母。如果不是，在❽处，我们用加密的值减去26，将该字母折返回到字母表的前面（Z就是这样变为一个M的）并且在❾处将新值转变为其对等的字母。

在❿处，我们使用+=操作符将该字母加到output字符串的末尾（在字符串的末尾添加该字符）。+=操作符是将数学操作符（+）和赋值操作符（=）组合起来的一组快捷操作符之一，output+ = letter意味着output将letter加入到了其中。这是for循环的最后一行，因此，对于输入消息中的每一个字符都重复整个这个过程，直到每次都增加一个字母的output已经保存了整条消息的加密版本。当这个循环结束的时候，程序的最后一行打印出输出消息。

我们可以使用这个程序来发送加密的消息来体验其中的乐趣。但是我们应该知道，在现代，这并不是加密消息的一种安全方式，能够解开报纸上的谜题游戏的任何人，都能够读懂你用它加密的消息，因此，将它当作和朋友之间的一种游戏来玩吧！

在网上搜索"加密"或"解密"以学习有关制作安全的秘密消息的科学知识。

5.7　本章小结

在本章中，我们学习了如何编程让计算机根据代码中的条件来做出决策。我们看到了if语句只有在一个条件（如age >= 16）为真的时候，才会让程序执行一组语句。我们使用了布尔（真/假）表达式来表示想要检查的条件并且使用了诸如<、>、<=等条件操作符来构建表达式。

我们将if和else语句组合起来来运行一段代码或者另一段代码，如果if语句没有执行的话，就会执行else语句。我们还进一步扩展，使用if-elif-else语句在多个选项中做出选择，例如，根据输入的分数来给出A、B、C、D或F的分级。

我们学习了如何使用and和or逻辑操作符来组合条件（例如，rainy == 'y' and cold == 'y'），以同时测试多个条件。我们使用not操作符来检查一个变量或表达式是否为False。

在本章末尾的秘密消息程序中，我们学习了所有的字母和字符都是转换为数字值存储到计算机中的，ASCII是将文本存储为数字值的方法之一。我们使用了chr()和ord()函数实现字符和ASCII值之间的转换，使用upper()和lower()函数将字符串的字符修改为全部大小或全部大写，而且使用isupper()和islower()来检查一个字符串是否是全部大写或全部小写。我们使用+操作符每次在字符串的末尾添加一个字母，从而构建了一个字符串；同时我们了解到，将字符串加到一起通常叫作添加或连接。

现在，我们应该能够做如下的事情：

- 通过if语句使用条件进行判断；
- 使用条件和布尔表达式来控制程序流程；
- 说明一个布尔表达式如何求得True或False；

- 使用比较操作符（<、>、==、!=、<=、>=）来编写条件表达式；
- 使用if-else语句组合在两种相互替代的程序路径中做出选择；
- 使用模除操作符%来测试一个变量是奇数还是偶数；
- 编写if-elif-else语句从多个选项中做出选择；
- 使用and和or一次测试多个条件；
- 使用not操作符检查一个值或变量是否为False；
- 说明字母和其他的字符如何在计算机中存储为数值；
- 使用ord()和chr()实现字符及其等价的ASCII之间的转换；
- 使用lower()、upper()和isupper()等各种字符串函数来操作字符串；
- 使用+操作符将字符串和字符加到一起。

5.8　编程挑战

尝试这些挑战来练习我们在本章中所学习的知识（如果遇到困难，访问 http://www.nostarch.com/teachkids/ 寻找示例解答）。

#1：彩色玫瑰花瓣和螺旋线

作为一个实现更多的视觉效果的挑战，我们来看一下图 5-1 所示的彩色的螺旋线和玫瑰花瓣图案。我们应该能够修改 RosettesAndPolygons.py 程序以使其更加多彩，而且，如果愿意的话，使用小的螺旋线替代多边形，使其更符合图 5-1 所示的图案。

#2：用户定义的秘钥

作为另一个基于文本的挑战，我们创建 EncoderDecoder.py 程序的一个高级版本，允许用户输入他们自己的秘钥值，从1到25，以确定消息要移动多少个字母。然后，我们在 EncoderDecoder.py 程序中的❺处的一行中，每次移动用户的秘钥那么多个值，而不要移动13个字母。

我们加密使用不同秘钥的消息（例如，我们使用5作为秘钥值，让A变为F，B变为G，等等），接受消息的人需要知道这个秘钥。他们通过用相反的秘钥（26减去秘钥值，26 – 5 = 21）来再次编译消息，以使F回到A、而G变回B等。

如果我们想要让这个程序更易于使用，首先询问用户是想要加密还是解密（分别是e或d），然后，请求一个秘钥值并将其保存为key（要移动的字母数）。如果用户选择加密，我们在⑤处给每个字母加上这个秘钥值，但是，如果用户选择解密，给每个字母加上26 – key。我们将这个秘钥发送给一个朋友，然后开始传送消息。

第 6 章

随机的乐趣和游戏（继续前进，抓住机会！）

在第 5 章中，我们通过编程让计算机根据条件来做出决策。在本章中，我们将编程让计算机来选择 1~10 之间的一个数字，来玩石头、剪刀、布的游戏，甚至来掷骰子或抓牌。

这些游戏中的共同要素是随机性（randomness）的思想。我们想要让计算机从1～10随机地选一个数字，我们来猜这个数是多少。我们想要计算机随机地选择石头、布还是剪刀，然后我们也选择出什么并看看谁获胜。这些例子，包括骰子游戏、纸牌游戏等，都叫作运气游戏（games of chance）。当我们掷5个骰子玩快艇骰子游戏的时候，通常每次都会得到不同的结果。正是靠运气的要素使得这些游戏变得有趣。我们可以编写程序让计算机来采取同样的随机行为。Python有一个叫作random的模块，允许我们模拟随机选择。我们可以使用random模块在屏幕上绘制随机的形状，或者编写运气游戏。让我们从一个猜数字游戏开始。

6.1　猜数字游戏

在经典的Hi-Lo猜数字游戏中，我们可以使用随机数。一个玩家从1～10（或者是1～100）之间选取一个随机数，另一个玩家尝试猜这个数字。如果猜的数太大，猜测者会用一个较小的数来尝试。如果猜的数太小，他们会尝试一个更大的数。当他们猜到了正确的数字，就获胜了。我们已经知道如何使用input()和一个while循环来持续猜测。唯一需要学习的新技巧是，如何生成一个随机数。我们可以用random模块来做到这一点。

首先，我们必须使用import random命令来导入random模块。我们可以在Python shell中通过输入import random并按下回车键来试一下。这个模块有几个不同的函数，可以用于生成一个随机数。我们使用randint()（它是

random integer的缩写，表示随机的整数）。randint()函数期望我们给它两个参数，也就是说两部分信息，放在圆括号中间：即我们想要的最小的值和最大的值。我们在圆括号中指定一个最小的值和一个最大的值，告诉randint()随机选取的范围。我们在IDLE中输入如下内容。

```
>>> import random
>>> random.randint(1, 10)
```

Python将会给出1～10之间的一个随机数作为回应，随机数可以包括1和10。我们尝试几次random.randint(1, 10)命令看看我们得到的不同的数字

（提示：在Mac上可以使用Alt-P或Control-P来重复最近输入的命令行，而不需要再次录入它）。

如果运行这行命令足够多次（至少10次），我们会注意到，数字有时候是重复的，但是数字没有什么规律。我们将这种数字叫作伪随机数（pseudorandom），因为它们并不是真的随机（randint命令基于一个复杂的数学模型，告诉计算机接下来选取哪个数字），但是，它们看上去"似乎"是随机的。

让我们在名为GuessingGame.py的程序中应用random模块。我们可以在一个新的IDLE窗口中输入如下程序，或者从http://www.nostarch.com/teachkids/下载该程序。

GuessingGame.py

```
❶ import random
❷ the_number = random.randint(1, 10)
❸ guess = int(input("Guess a number between 1 and 10: "))
❹ while guess != the_number:
❺     if guess > the_number:
            print(guess, "was too high. Try again.")
❻     if guess < the_number:
            print(guess, "was too low. Try again.")
❼     guess = int(input("Guess again: "))
❽ print(guess, "was the number! You win!")
```

在❶处，我们导入random模块，这使得我们能够访问random中的所有函数，包括randint()。在❷处，我们写出模块的名称random，后面跟着一个点和想要使用的函数名称randint()。我们给randint()传递参数1和10，使它生成1 ~ 10的一个伪随机数并且将该数字存储到变量the_number中。这将会是用户尝试猜测的一个秘密数字。

在❸处，我们要求用户猜测1 ~ 10的一个数字，求得其数字值并且将其存储到变量guess中。游戏循环从❹处的while语句开始。我们使用!=（不等于操作符）来看看猜测的数字是否等于秘密数字。如果第一次尝试就猜对了这个数字，guess != the_number结果为False并且while循环将不会运行。

只要用户猜测的数字不等于秘密数字，我们就在❺和❻处使用两条if语句检查猜测的数字是太大了（guess > the_number）还是太小了（guess < the_number）并且给用户打印出消息，请他们再猜一次。在❼处，我们接受用户的另一次猜测并再次开始循环，直到用户猜对了。

在❽处，用户猜对了数字，因此，我们告诉他们正确的数字并且程序结束。图6-1给出了程序运行的几个示例。

在图6-1所示的程序的第一次运行中，用户猜测5，计算机回答5太大了。用户猜测一个小一点的数字2，但是2又太小了。然后，用户又猜测3，这一次猜对了。每次猜测可能的最小值和最大值之间的中间值，就像图6-1中的示例一样，这种策略叫作二分搜索。

如果玩家学会使用这种策略，那么只需要尝试猜测4次或更少，就能够猜中1 ~ 10的数字，每回都是这样！尝试一下吧！

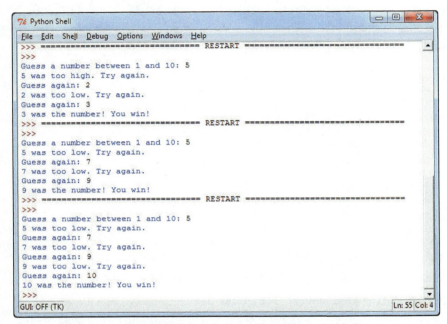

图 6-1　GuessingGame.py 程序要求用户猜 3 次较大或较小的随机数

为了让程序更有趣，我们可以修改传递给randint()函数的参数，以生成1 ~ 100（甚至更大的数字）之间的一个数字（确保也要修改input()的提示）。我们还要创建一个名为number_of_tries的变量，用户每猜测一次，就将该变量增加1，以便记录用户尝试猜测的次数。在程序的最后，我们打印出尝试猜测的次数，让用户知道他们做得有多好。作为一个额外的挑战，我们可以添加一个外部循环来询问用户，当正确地猜中数字之后是否还想再玩一次。我们自行尝试，或者到http://www.nostarch.com/teachkids/查找示例解决方案。

6.2　彩色的随机螺旋线

除了randint()，random模块还有其他方便的函数。让我们使用它们来帮助创建一个有趣的视觉效果：屏幕上充满了随机的大小和颜色的螺旋线，如图 6-2 所示。

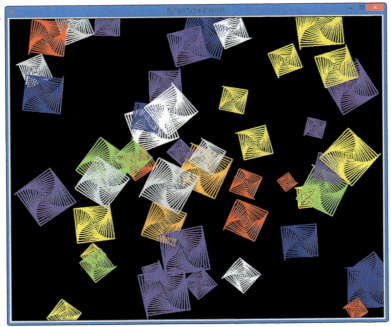

图 6-2　由 RandomSpirals.py 实现的随机大小和颜色的螺旋线随机地分布在屏幕上

让我们考虑一下如何编写一个程序创建如图 6-2 所示的效果。我们几乎知道了绘制这样的螺旋线所需的所有技巧。首先，我们可以使用循环绘制各种颜色的螺旋线，可以生成随机数并使用它来控制每个螺旋线的 for 循环运行多少次。这可以改变螺旋线的大小，迭代次数越多的，所创建的螺旋线就越大；而迭代次数较少的，创建的螺旋线就较小。让我们看看还需要其他的什么内容，并一步一步地构建这个程序（最终的版本是 RandomSpirals.py，我们在后面给出）。

6.2.1　选取颜色——任意的颜色

我们需要的一项新工具，是能够选择一种随机颜色的能力。我们可以使用 random 模块中的另一个方法 random.choice() 来做到这一点。random.choice() 函数接受一个列表或其他的集合作为参数（圆括号中的部分），返回从该集合中随机选取的一个元素。在我们的例子中，我们可以创建一个颜色列表，然后将该列表传递给 random.choice() 函数以便为每一条螺旋线获取一个随机颜色。

我们可以在IDLE中通过命令行来尝试一下。

```
>>> # Getting a random color
>>> colors = ["red", "yellow", "blue", "green", "orange", "purple", "white",
"gray"]
>>> random.choice(colors)
'orange'
>>> random.choice(colors)
'blue'
>>> random.choice(colors)
'white'
>>> random.choice(colors)
'purple'
>>>
```

在这段代码中，我们再次创建老朋友colors并且将其设置为颜色名称的一个列表。然后，我们使用random.choice()函数，将colors作为参数传递给该函数。该函数从列表中随机选择一种颜色。第一次我们获取了橙色，第二次是蓝色，第三次是白色，依次类推。该函数可以给我们一个随机颜色，以便在开始绘制新的螺旋线之前将海龟钢笔设置为该颜色。

6.2.2 获取坐标

剩下的一个问题就是如何让螺旋线分散到整个屏幕上，包括右上角和左下角。要将螺旋线随机地放置在海龟屏幕上，我们需要理解Turtle环境所使用的 x 和 y 坐标系统。

笛卡尔坐标系

如果我们上过几何课，就应该已经看到过纸上画出来的图6-3所示的 (x, y) 坐标。这就是笛卡尔坐标（Cartesian coordinates），其名称是为了纪念法国数学家笛卡尔，他使用带有成对数字的一个网格来标记点，我们将一对数字叫作 x 坐标和 y 坐标。

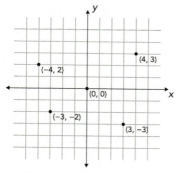

图6-3　4个点及其笛卡尔坐标的一幅图

在图6-3所示的图形中，黑色的水平线叫作 x 轴，它从左向右延伸。黑色的垂直的线叫作 y 轴，从下向上延伸。我们将这两条线相交的点（0，0）称为原点（origin），因为网格上的所有的点都是通过从原点为起源（originating）或开始的距离来标记的。我们可以把原点当作屏幕的中心。我们想要找到的每一个其他的点，都可以使用从原点开始向左或向右或是向上或向下移动的一个x和y坐标来表示。

我们使用圆括号中的一对坐标来标记图形上的点，坐标之间用逗号分开：（x, y）。第一个数字x坐标，告诉我们向左或向右移动多远，而第2个坐标y，告诉我们向上或向下移动多远。正的x值表示从原点向右移动，负的x值表示向左移动；正的y值表示从原点向上移动，负的y值表示向下移动。

我们看一下图6-3中所标记的点。右上方的点x坐标和y坐标分别为（4，3）。要找到该点的位置，我们从原点（0，0）开始向右移动4个空格（因为x坐标4是正数），然后，向上移动3个空格（因为y坐标3也是正数）。

为了到达右下方的点（3，–3），我们回到原点，然后向右移动3个空格。这一次，y坐标是–3，因此，我们向下移动3个空格。向右移动3和向下移动3，我们可以到达（3，–3）。要到达（–4，2），我们从原点向左移动4，然后向上移动2个单位，到达左上角的点。最后，我们向左移动3个单位，向下移动2个单位，到达左下角的点（–3，–2）。

设置一个随机的海龟位置

在海龟图形中，我们使用命令turtle.setpos(x,y)告诉计算机新位置的x和y坐标，从而将海龟从原点（0，0）移动到另一个位置。函数名setpos()是设置位置（set position）的缩写。它将海龟的位置设定为我们给它的x和y坐标。例如，turtle.setpos(10,10)将会把海龟从屏幕的中心向右移动10个单位并向上移动10个单位。

在计算机上，我们通常使用的单位是我们的老朋友，像素。因此，turtle.setpos(10,10)将会把海龟从屏幕的中心向右移动10个像素并向上移动10个像素。由于像素如此小，在大多数显示器上，大概只有一英寸的1/70（0.3毫米）甚至更小，我们想每次移动100个像素或更多。setpos()可以处理我们所给定的任何坐标。

要在屏幕上将海龟移动到随机的位置，我们生成一对随机数x和y，然后，使用turtle.setpos(x,y)将海龟移动到这些坐标上。在移动海龟之前，我们需要使用turtle.penup()将海龟钢笔抬起。设置了新的位置之后，我们调用turtle.pendown()把钢笔重新放下使得海龟再次绘制。如果忘记抬起钢笔，海龟会在移动到setpos()告诉它要到达的点的时候，绘制出一条直线。如图6-2

所示，我们不想在螺旋线之间有额外的线段。代码如下所示。

```
t.penup()
t.setpos(x,y)
t.pendown()
```

setpos() 函数将一对随机数组合成（x, y）坐标，它允许我们在不同的位置放置螺旋线，但是，如何知道随机数字所采用的范围呢？这个问题将我们带回到在请求随机的螺旋线的时候必须解决的最后一个问题。

6.2.3 画布有多大

既然知道了如何将螺旋线放置到窗口或画布上的随机位置，我们还有一个问题要解决：如何知道画布有多大。我们可以为 x 和 y 坐标生成随机数来创建一个位置并且在该位置绘制画布，但是，如何能够确保所选择的位置在窗口上是可见的呢？也就是说，它不会在窗口之外的右边、左边、上边或下边？那么，我们如何能够确保从左到右、从上到下覆盖了整个窗口？

要回答有关画布大小的问题，我们需要使用另外两个函数，即 turtle.window_width() 和 turtle.window_height()。首先，window_width() 告诉我们海龟窗口有多少个像素宽。window_height() 也是一样的，我们通过它获得从海龟窗口的底部到顶部的像素数。例如，图 6-2 所示的海龟窗口为 960 像素宽和 810 像素高。

turtle.window_width() 和 turtle.window_height() 将帮助我们确定随机的 x 和 y 坐标，但是，还有一个困难。还记得在海龟作图中，窗口的中心是原点，或者说（0, 0）。如果只是生成从 0 到 turtle.window_width() 的随机数，第一个问题是，我们将无法在窗口的左下方绘制任何内容：那里的坐标在 x 方向和 y 方向（左边和下边）都是负值，但是 0 和 window_width() 之间的随机数则总是正值。第二个问题是，如果我们从中心开始向右移动到 window_width()，将会跑到窗口的右边界之外。

我们不仅要搞清楚窗口有多宽和多高，还要搞清楚坐标的范围。例如，如果窗口是 960 像素宽并且原点（0, 0）位于窗口的中心，我们需要知道向右和向左移动多少个像素而不会离开可见的窗口。由于（0, 0）是窗口的中心，两边各有一半的距离，我们只需要用宽度除以 2 就行了。如果原点位于宽度为 960 像素的窗口的中心，那么，原点左边和右边各有 480 个像素。x 坐标值的范围就是从 –480（原点左边的 480 个像素）到 +480（原点右边的 480 个像素），换句话说，是从 –960/2 到 +960/2。

要让这个范围对于任意大小的窗口都有效，我们可以把 x 坐标表示为从 -turtle.window_width()//2 到 +turtle.window_width()//2。原点也位于从上到下的中心，因此，原点之上和之下各有 turtle.window_height()//2 个像素。在这个计算中，我们使用整除，即 // 操作符，以确保在除以 2 的时候会得到整数结果；窗口的宽度和高度可能会是奇数个像素，但我们想要保持像素数目为偶数。

既然知道了如何计算画布的大小，我们可以使用这些表达式来限制随机坐标的范围。然后，可以确保所生成的任何随机坐标都是在窗口中可见的。Python 中的 random 模块有一个函数，能够帮助我们生成指定的范围之内的一个随机数：randrange()。我们只需要告诉 randrange() 函数，使用窗口宽度一半的负数作为范围的开始值，而使用窗口宽度一半的正数作为范围的结束值（我们必须在程序中导入 turtle 和 random 模块，这些代码行才能工作）。

```
x = random.randrange(-turtle.window_width()//2,
                     turtle.window_width()//2)
y = random.randrange(-turtle.window_height()//2,
                     turtle.window_height()//2)
```

这些代码行将使用 randrange() 函数生成一对 (x, y) 坐标值，它总是在可见的窗口之中，而且覆盖了从左到右、从上到下的整个可见窗口区域。

6.2.4　整合

既然有了各个片段，我们只需要将它们组合起来以构建一个程序，就可以以不同的颜色、大小和位置随机地绘制螺旋线。如下是完成后的 RandomSpirals.py 程序，一共只有 20 行左右，它创建了如图 6-2 所示的万花筒式的图片。

RandomSpirals.py

```
import random
import turtle
t = turtle.Pen()
turtle.bgcolor("black")
colors = ["red", "yellow", "blue", "green", "orange", "purple",
          "white", "gray"]
for n in range(50):
    # Generate spirals of random sizes/colors at random locations
❶   t.pencolor(random.choice(colors))   # Pick a random color
❷   size = random.randint(10,40)        # Pick a random spiral size
```

```
     # Generate a random (x,y) location on the screen
❸    x = random.randrange(-turtle.window_width()//2,
                          turtle.window_width()//2)
❹    y = random.randrange(-turtle.window_height()//2,
                          turtle.window_height()//2)

❺    t.penup()
❻    t.setpos(x,y)
❼    t.pendown()
❽    for m in range(size):
      t.forward(m*2)
      t.left(91)
```

首先，我们导入random和turtle模块并且设置了海龟窗口和颜色列表。在for循环中（n将从0 ~ 49共给出50个螺旋线），事情变得有趣了。在❶处，我们将colors传递给random.choice()，让该函数从列表中选择一个随机颜色，将选择的随机颜色传递给t.pencolor()，将海龟的钢笔颜色设置为该随机颜色。在❷处，random.randint(10,40)选取了10 ~ 40之间的一个随机数。我们将这个数字存储在变量size中，随后在❸处使用该变量告诉Python要在螺旋线中绘制多少线段。❸和❹处的代码行，就是我们前面构建的代码，用来生成一个随机的坐标值对（x, y），从而给出可视窗口上的一个随机位置。

在❺处，我们将钢笔抬离屏幕，然后将海龟移动到其新的随机位置，在❻处，将海龟的位置设置为x和y，也就是前面的randrange()所选取的随机坐标，从而把海龟移动到新的位置。既然海龟已经到位了，我们在❼处将钢笔放回去，以便能够看到将要绘制的螺旋线。在❽处，我们用一个for循环来绘制螺旋线的每一条线段。针对range(size)中的m，海龟将向前移动m*2的距离，绘制一条长度为m*2的线段（m分别为0、1、2、3等，因此，线段的长度分别为0、2、4、6等）。海龟将向左旋转91度并准备好绘制下一段。

海龟从螺旋线的中心开始，绘制一个线段（长度为0）并且向左旋转；这是第一次经过循环。下一次经过循环的时候，m是1，因此，海龟绘制一条长度为2的线段，然后旋转。当Python迭代循环的时候，海龟将移动出螺旋线的中心，绘制出越来越长的线段。我们使用随机生成的size作为螺旋线中要绘制的线段的数目，这是10 ~ 40之间的一个整数。

在完成了当前螺旋线的绘制之后，我们返回到外部for循环的顶部。我们选择一个新的随机颜色、大小和位置，抬起钢笔，将其移动到新的位置；放下钢笔并且执行内部for循环来绘制新的随机大小的一条新的螺旋线。在绘制完这条螺旋线之后，我们回到外部循环并且重复整个过程。这样执行50次，我们就得到了50条随机地分布在屏幕上的、各种颜色和形状的螺旋线。

6.3 Rock-Paper-Scissors

现在，我们具备了编写一个Rock-Paper-Scissors游戏的技能。在这个游戏中，两个玩家（或一个玩家和计算机）每个人选择3个可能选项中的一个（Rock、Paper或Scissors）；都展示他们的选择，由三条规则来决定胜者：Rock能够砸坏Scissors，Scissors能够剪开Paper，Paper能够包住Rock。

为了模拟这个程序，我们创建各种选项的一个列表（就像Random Spirals.py程序中的colors列表），将使用random.choice()从列表中选择一项作为计算机的选项。然后，我们请求用户做出他们的选择并且使用一系列的if语句来判断获胜者。用户将和计算机对玩这个游戏。

让我们来看看代码，在IDLE中的一个新窗口中输入RockPaperScissors.py，或者从http://www.nostarch.com/teachkids/下载它。

RockPaperScissors.py

```
❶ import random
❷ choices = ["rock", "paper", "scissors"]
   print("Rock crushes scissors. Scissors cut paper. Paper covers rock.")
❸ player = input("Do you want to be rock, paper, or scissors (or quit)? ")
❹ while player != "quit":              # Keep playing until the user quits
       player = player.lower()         # Change user entry to lowercase
❺      computer = random.choice(choices)  # Pick one of the items in choices
       print("You chose " +player+ ", and the computer chose " +computer+ ".")
❻      if player == computer:
           print("It's a tie!")
❼      elif player == "rock":
           if computer == "scissors":
               print("You win!")
           else:
               print("Computer wins!")
❽      elif player == "paper":
           if computer == "rock":
               print("You win!")
           else:
               print("Computer wins!")
❾      elif player == "scissors":
           if computer == "paper":
               print("You win!")
           else:
               print("Computer wins!")
       else:
           print("I think there was some sort of error...")
       print()                         # Skip a line
❿      player = input("Do you want to be rock, paper, or scissors (or quit)? ")
```

在❶处，我们导入random模块以便能够使用那些帮助我们做随机选择的函数。在❷处，我们建立Rock、Paper和Scissors这3个选项的一个列表，将其命名为choices。我们打印出游戏的简单规则，确保用户知道这些规则。在❸处，我们提示用户输入它们自己的选项（Rock、Paper、Scissors或quit）并且将他们的选择存储到变量player中。在❹处，我们开始游戏循环，首先检查用户是否在输入提示处选择了quit，如果用户选择了quit，游戏结束。

只要用户没有输入"quit"，游戏就会开始。我们把用户输入修改为小写字母以便于在if语句中比较，然后，让计算机选择一项。在❺处，我们告诉计算机从choices列表中随机地选择一项并且将这一项存储到变量computer中。一旦计算机的选项存储了，我们就该开始测试看看谁能获胜了。在❻处，我们检查玩家和计算机是否选择了相同的项，如果是，告诉玩家他和计算机打平了；否则的话，在❼处，检查用户是否选择了Rock。在❼处的elif语句中，我们嵌套了一条if语句来查看计算机是否选择了Scissors。如果玩家选择了Rock而计算机选择了Scissors，Rock能够砸坏Scissors，玩家获胜！如果玩家没有选择Rock，或者玩家选择了Rock而计算机没有选择Scissors，那么计算机一定选择了Paper，我们打印出计算机获胜。

在❽和❾处剩下的两条elif语句中，我们做同样的事情，检查当玩家选择Paper或Scissors时候的获胜情况。如果这些语句都不为真，我们告诉用户，他们输入了无法计算的某些内容：要么是他们所选的选项不存在，要么是选项拼写错了。最后，在❿处，我们在重新开始游戏循环之前（新的一轮），询问用户的下一个选项。图6-4给出了运行程序的一个示例。

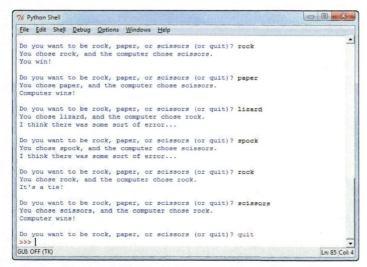

图6-4　得益于计算机做出的随机选择RockPaperScissors.py是一个有趣的游戏

有时候玩家会获胜，有时候计算机会获胜，有时候他们打平手。由于输出是随机的，游戏足够有趣，而且能够消磨时间。既然理解了这种双玩家的游戏可以如何利用计算机的随机选择，让我们来尝试创建一款纸牌游戏。

6.4　选一张牌——任意一张牌

让纸牌游戏变得有趣的一件事情是随机性。只要没有两轮牌是完全一样的（除非牌洗得很糟糕），我们就可以一次一次玩也不会烦。

我们可以利用所学的知识来编写一个简单的纸牌游戏。初次尝试的时候，不会显示图形化的牌（我们需要学习更多的技巧，才能够实现这一点），但是，只要使用数组、列表或字符串，就像在螺旋线程序中对颜色名所做的那样，我们就可以随机地生成牌的名字（例如，"two of diamonds"是"方块2"，"king of spades"是"黑桃K"）。我们可以编写一个类似War的游戏，其中两个玩家每人从桌面上随机抽取一把牌，拥有较高牌面值的玩家胜出。我们只需要一些方法来计算牌面值，看看谁的牌面值更高。让我们一步一步地看看如何做到这一点（完整的程序HighCard.py会在后面给出）。

6.4.1　堆牌

首先，我们需要考虑如何在程序中构建一副虚拟的牌。正如前面所提到的，我们还不会绘制牌，但是，至少需要有牌的名字来模拟一副牌。好在，牌的名字只是字符串而已（"two of diamonds"、"king of spades"）并且我们知道如何构建字符串的一个数组，早在第1章中我们对颜色名就这么做过。

数组是一个有序或有编号的类似内容的集合。在很多程序设计语言中，数组是一种特殊类型的集合。而在Python中，列表充当数组的作用。在本节中，我们将看到如何将列表当作数组处理，以便每次访问数组中的一个单个的元素。

我们通过创建一个数组名（cards）并将其设置为52张牌名的一个列表，从而创建所有牌名的一个列表。

```
cards = ["two of diamonds",
         "three of diamonds",
         "four of diamonds",
         # This is going to take forever...
```

但是糟糕的是，我们必须输入52个牌名的长字符串！甚至还没有开始游戏部分的程序，代码的长度就会达到52行，而且我们录入名称都已经很累了，再没有精力去玩这个游戏了。还有一种较好的办法，让我们像一个程序员一样思考问题。所有的类型都是重复的，我们想要让计算机做重复性的工作。牌的花色名称（diamonds、hearts、clubs、spades分别表示方块、红桃、梅花和黑桃），每一种将会分别重复13次。牌面值（从two到ace，也就是从2到A），每一种要重复4次，因为一共有4种花色。糟糕，我们把单词of输入了52次。

在前面，我们遇到重复性工作的时候，使用循环可以使问题变容易一些。如果想要生成一整副纸牌，一个循环就能把工作做得很好。但是，玩一把War的时候，我们并不需要一整副纸牌：只需要两张牌，计算机的牌和玩家的牌。如果只有一个循环还不能够帮助我们避免重复所有这些花色和牌面值，我们还需要将问题进一步分解。

在War中，每个玩家出一张牌，较高的牌面值获胜。因此，正如我们所讨论过的，我们只需要两张牌，而不是52张牌。我们先从一张牌开始。一张牌的名字包含了一个牌面值（从2到A）和一个花色（从梅花到黑桃）。这看上去可能像字符串的列表：表示牌面值的一个列表和表示花色的一个列表。我们从13种可能选项的列表中随机地选择一个牌面值，然后再从4种可能的花色选择中随机地选择一个花色名。

这种方法可以让我们生成桌面上任意的单张牌。我们用两个较短的数组suits和faces来替代长长的cards数组。

```
suits = ["clubs", "diamonds", "hearts", "spades"]
faces = ["two", "three", "four", "five", "six", "seven", "eight", "nine",
         "ten", "jack", "queen", "king", "ace"]
```

我们把代码从52行减少到了3行！这就是聪明的编程方法。现在，让我们看看如何使用这两个数组来发牌。

6.4.2 发牌

我们已经知道如何使用random.choice()函数从一个列表中随机地选择一项。因此，要发一张牌，我们直接使用random.choice()从faces列表中选择一个牌面值并从suits列表中选择一个花色名。一旦有了一个随机的牌面值和一个随机的花色名，我们只需要在它们之间添加单词of（例如，two of diamonds表示方块2）就可以得到完整的牌名。

我们想要以同样的方式发两次牌，或者说在另一行代码中以同样的方式

再使用random.choice()一次。我们不会强制程序去检查一张牌是否已经发出了，因此，我们可能在一次游戏的时候得到两张黑桃A。计算机不会作弊，我们只是告诉它发一张牌。这就好像程序是在从一个无限的牌堆（infinite deck）向外发牌，因此，它能够永远持续发牌而不会用完牌。

```python
import random
suits = ["clubs", "diamonds", "hearts", "spades"]
faces = ["two", "three", "four", "five", "six", "seven", "eight", "nine",
         "ten", "jack", "queen", "king", "ace"]
my_face = random.choice(faces)
my_suit = random.choice(suits)
print("I have the", my_face, "of", my_suit)
```

如果尝试运行这段代码，我们每次将会得到一张新的、随机的牌。要再发一张牌，需要使用类似的代码，但是我们应该将随机的选择存储到名为your_face和your_suit的变量中。我们来修改print语句，打印出这张新牌的名称。现在，我们距离War游戏更近了一步，但是，我们需要一些方法来比较计算机的牌和用户的牌，以确定谁获胜。

6.4.3　计算牌面

我们之所以按照升序从2到A列出牌面值，就是为了计算牌面。我们想要让牌的faces列表按照从最低值到最高值的顺序排列，以便能够比较两张牌看任意两张牌中哪一张的面值更高。确定两张牌中哪一张面值更高，这很重要，因为在War游戏中，每次都是较高牌面值的牌获胜。

找到列表中的一个项

好在，由于列表和数组在Python中的工作方式，我们可以判断一个值出现在列表中的什么位置，而且能够使用这一信息来确定一张牌的牌面值是否比另一张牌高。列表或数组中的一项的位置的编号，叫作该项的索引（index）。我们通常使用索引来引用数组中的每一项。

为了形象地表示suits数组以及每一种花色的索引，我们可以参见表6-1。

表6-1　suits数字

值	"clubs"	"diamonds"	"hearts"	"spades"
索引	0	1	2	3

当我们创建列表suits的时候，Python自动为列表中的每一个值分配一个索引。计算机是从0开始计数的，因此"clubs"的索引为0，"diamonds"的索引为1，依次类推。找出列表中一项的索引的函数是.index()，在Python中，

它可以用于任何的列表或数组之上。

要找出suits列表中的花色名"clubs"的索引，我们可以调用函数suits.index（"clubs"）。这就像是在询问suits数组，与值"clubs"对应的索引是什么。让我们在Python shell中尝试一下，输入如下的代码行。

```
>>> suits = ["clubs", "diamonds", "hearts", "spades"]
>>> suits.index("clubs")
0
>>> suits.index("spades")
3
>>>
```

在创建了花色值的数组suits之后，我们询问Python"clubs"值的索引是多少，它回复正确的索引值0。同样的方式，"spades"的索引是3，而"diamonds"和"hearts"的索引分别是1和2。

哪张牌的牌面值更高

我们按照从two到ace的顺序排列的值创建faces数组，因此值two是faces中的第一项，其索引为0；一直到ace，其索引为12（这是从0开始的第13个位置）。我们可以使用索引来测试哪个牌面值更高，换句话说，哪个牌面值的索引更大。牌面最低的牌是two并且其索引也是最小的，是0；ace是牌面最高的牌，其索引也是最大的是12。

如果生成了两个随机的牌面值（my_face和your_face），我们可以将my_face的索引和your_face的索引进行比较，看看哪个牌面值更高，如下所示。

```
import random
faces = ["two", "three", "four", "five", "six", "seven", "eight", "nine",
         "ten", "jack", "queen", "king", "ace"]
my_face = random.choice(faces)
your_face = random.choice(faces)
if faces.index(my_face) > faces.index(your_face):
    print("I win!")
elif faces.index(my_face) < faces.index(your_face):
    print("You win!")
```

我们两次使用random.choice()，从faces数组中提取两个随机值，然后把这两个值存储到my_face和your_face中。使用faces.index(my_face)获取my_face在faces中的索引，同时使用faces.index(your_face)获取your_face的索引。如果my_face的索引更大，那么我的牌面值就更大，程序会打印出"You win!"。由于排序列表的方式，较大的牌总是会对应较大的索引值。

有了这一方便的工具，我们几乎有了构建诸如War这样比较"较大牌面"

的游戏所需的一切了（我们还没有增加测试游戏平局的功能，但是，我们会在6.4.5节中给完整的游戏添加这部分功能）。

6.4.4 继续前进

我们需要的最后一项工具是一个循环，以便让用户能够持续地玩游戏。我们想要把这个循环构建得略有不同，以便能够在其他的游戏中复用它。

首先，我们需要确定要使用哪一种循环。记住，for循环通常意味着我们知道想要做某件事情的具体次数。由于通常我们无法预测某个人要玩多少次游戏，这里用for循环是不合适的。while循环可以持续循环，直到某个条件变为假，例如，当用户按下一个键来终止程序的时候。while循环适合用于游戏循环。

while循环需要检查一个条件，因此，我们打算创建一个变量，将其用作结束程序的标志（flag，或信号）。我们将这个标志变量命名为keep_going并且在一开始的时候将其设置为True。

```
keep_going = True
```

由于一开始的时候keep_going = True，程序将至少进入循环一次。

接下来，我们询问用户是否想要继续运行。当用户想要继续玩的时候，只要用户简单地按下回车键就可以了，而不必每次输入“Y”或“yes”。

```
answer = input("Hit [Enter] to keep going, any other keys to exit: ")
if answer == "":
    keep_going = True
else:
    keep_going = False
```

这里我们将变量answer设置为等于输入函数的结果。然后，我们使用一条if语句检查answer == ""是否成立，看看用户只是按下了回车键，还是再按下回车键之前还按下了其他的键（空字符串" "告诉我们，在按下回车之前，用户没有输入任何其他的字符）。如果用户想要退出，所需要做的只是让answer等于空字符串以外的任何其他内容。换句话说，他们只需要在按下回车之前再按下任何一个或多个键，布尔表达式answer == ""的结果将会变为False。

if语句检查answer == ""是否为True，而且如果是这样的话，它会把True存储到标志变量keep_going中。但是，你是否注意到这里有一些重复呢？如果answer == ""为True，我们就将值True赋给keep_going；如果answer == ""为False，我们需要将False赋给keep_going。

如果直接将keep_going设置为等于answer == ""的结果，是不是会更简单一些呢？我们可以用如下的更为精简的代码来替换：

```
answer = input("Hit [Enter] to keep going, any other keys to exit: ")
keep_going = (answer == "")
```

　　第1行代码没有变化。第2行代码将keep_going设置为等于布尔表达式answer == " "的结果。如果布尔表达式的结果为True，keep_going将为True并且循环将会继续；如果是False，keep_going将为False，循环会结束。

　　让我们看一下整个循环。

```
keep_going = True
while keep_going:
    answer = input("Hit [Enter] to keep going, any key to exit: ")
    keep_going = (answer == "")
```

　　在这里我们添加了while语句，因此，只要keep_going的结果为True，循环就会继续。在最终的程序中，我们把这个while循环的代码包含到只玩一次的程序之中。通过在选取牌的代码之前放入这条while语句，同时在显示谁获胜的代码之后放置一个按键提示，我们就做到了这一点。记住，循环中的代码要缩进。

6.4.5　整合

　　将所有的组件组合起来，我们就构建了一个类似War的游戏，将其命名为HighCard.py。计算机会自己抽取一行牌并且为玩家抽一张牌，查看哪张牌更大，然后宣布获胜者。在一个新的IDLE窗口中输入HighCard.py的代码，或者访问http://www.nostarch.com/teachkids/以下载代码，尝试玩这个游戏。

HighCard.py

```
import random
suits = ["clubs", "diamonds", "hearts", "spades"]
faces = ["two", "three", "four", "five", "six", "seven", "eight", "nine",
         "ten", "jack", "queen", "king", "ace"]
keep_going = True
while keep_going:
    my_face = random.choice(faces)
    my_suit = random.choice(suits)
    your_face = random.choice(faces)
    your_suit = random.choice(suits)
    print("I have the", my_face, "of", my_suit)
    print("You have the", your_face, "of", your_suit)
    if faces.index(my_face) > faces.index(your_face):
        print("I win!")
    elif faces.index(my_face) < faces.index(your_face):
```

```
        print("You win!")
    else:
        print("It's a tie!")
    answer = input("Hit [Enter] to keep going, any key to exit: ")
    keep_going = (answer == "")
```

运行该程序，它将打印出计算机的牌和你的牌，后面跟着一条声明，宣布谁获胜并且提示你有机会再玩一次游戏或退出。玩几个回合你就会注意到牌是随机的，这足以让结局有乐趣，有时候计算机会获胜，有时候你能赢，但是，有了好运气，这个游戏很有趣。

6.5 掷骰子

我们在纸牌游戏中使用了数组来帮助简化发牌所需的代码并根据牌在 cards 列表中的位置来判断哪张牌更大。在本节中，我们将使用数组的概念来生成 5 个随机的骰子，并查看是否每次有 3 个一样的骰子、4 个一样的骰子或者 5 个一样的骰子，这有点像是骰子游戏 Yahtzee 的一个简化版。

在 Yahtzee 中，一共有 5 个骰子。每个骰子都有 6 个面，每个面上显示从 1 到 6 的一个点数。在完整版的游戏中，用户掷出所有 5 个骰子，试图得到 3 个骰子具有相同值（称之为 three of a kind）并且另外两个是不同的值，这类似于纸牌游戏。掷出同样的 5 个值（例如，所有 5 个骰子都是 6 点朝上），这叫作 Yahtzee，并且可能得到最高分。在我们简化版的游戏中，我们只是模拟投掷 5 个骰子并且检查用户是否掷出了 3 个一样的骰子、4 个一样的骰子或者 Yahtzee 并让用户知道结果。

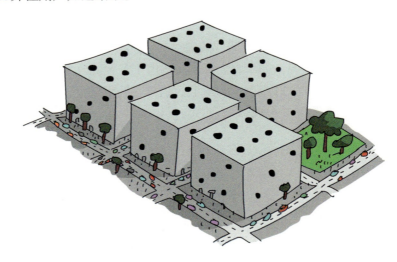

6.5.1 设置游戏

既然理解了游戏的目标，接下来让我们来讨论下如何编写游戏代码。首先，我们需要建立一个游戏循环，以便用户能够持续掷骰子，直到他们自己想要停下来。其次，我们将建立一个数组来模拟5个骰子，它能够存储5个随机值，每个随机值都是从1到6，表示掷得的每一个骰子的值。最后，需要将5个骰子彼此比较，看看是否有3个相同的值、4个相同的值或是5个相同的值并且让用户知道结果。

最后一部分可能是最有挑战性的。我们可以检查是否5个骰子都为1，或者是否5个骰子都为2，依次类推，从而检查Yahtzee；但是，这意味着一系列很长的、复杂的if条件语句的执行。因为我们不在意是否有5个1、5个2还是5个6，我们只在意有5个相同的值，所以，可以通过查看第1个骰子的值是否等于第2个骰子的值，第2个骰子的值是否等于第3个骰子的值，如此，一直比较到第5个骰子的值。然后，不管这5个一样的值是什么，我们知道5个骰子都是一样的，这样得到了一个Yahtzee。

5个一样的骰子似乎很容易测试，但是，让我们尝试搞清楚如何测试4个一样的骰子。4个一样的骰子的一种可能的情况是，例如[1, 1, 1, 1, 2]这样的一个数组值（有4个1和一个2）。然而，数组[2, 1, 1, 1, 1]也是符合4个一样的骰子的情况，[1, 1, 2, 1, 1]、[1, 2, 1, 1, 1]和[1, 1, 1, 2, 1]也都是符合的。只是测试4个1的情况，就用5种可能性。听上去，这需要使用很长的一组if条件……

好在，作为资深的程序员，你知道做事情通常有一种容易的方法。前面这一段中提到的所有5个数组都有一个共同点，那就是列表中的值有4个1；问题在于第5个值2，可能在5个不同的数组位置中的任何一个之中。如果这4个1都是彼此挨着的，只有一个其他的值（2）是单独的，我们可以很容易测试这种4个相同值的情况。如果我们可以按照由小到大或由大到小的顺序来对数组排序，例如，所有的1都组织在一起，这样，我们就可以将5种不同的情况减少为两种，即[1, 1, 1, 1, 2]或[2, 1, 1, 1, 1]。

6.5.2 对骰子排序

Python中的列表、集合和数组有一个内建的排序函数sort()，它允许我们根据数组中的元素的值，将其从小到大或从大到小地排序。例如，如果骰子数组名为dice，我们可以使用dice.sort()来对其值排序。默认情况下，sort()将会把dice中的元素按照由小到大的顺序排列，或者说按照升序（ascending）排列。

如果我们要测试骰子数组是否包含4个一样的骰子的情况，对数组排序意味着我们只需要测试两种情况：4个一致的较小值和一个较大值（如[1, 1, 1, 1, 2]），或者是1个较小的值和4个一致的较大的值（如[1, 3, 3, 3, 3]）。在第一种情况中，我们知道，如果骰子排序并且第1个和第4个骰子的值是相同的，我们就有4个一样的骰子，甚至情况更好。在第2种情况下，还是针对排序后的骰子，如果第2个骰子和第5个骰子的值相等，我们也有4个一致的骰子或者更好的情况。

我们说4个骰子一致或更好，是因为在5个相同的骰子的情况下，第1个骰子和第4个骰子也会是相同的。这给我们的第1个逻辑带来了挑战：如果用户掷出了5个一样的骰子，他们也必然掷出了4个一样的骰子，而我们只想给他们最高的得分。如果用户得到了一个Yahtzee的话，我们使用一个if-elif语句链来处理这种情况，这样他不会只得到4个相同的骰子或3个相同的骰子的得分，而只会以最高的得分获胜。将这些if-else语句序列和我们学过的骰子排序的方法组合起来，来检测4个相同的骰子的情况，代码如下所示。

```
if dice[0] == dice[4]:
    print("Yahtzee!")
elif (dice[0] == dice[3]) or (dice[1] == dice[4]):
    print("Four of a kind!")
```

首先，如果已经对dice数组排序，我们注意这里有一个快捷方式：如果第1个和最后一个骰子拥有相同的值（if dice[0]== dice[4]），我们知道得到了一个Yahtzee。记住，对于前5个骰子，我们将其按照数组位置编号为0到4。如果没有得到5个相同的骰子，我们检查4个相同的骰子的两种情况（第一种是前4个骰子是相同的，即dice[0] == dice[3]；或者是后4个骰子是相同的，即dice[1] == dice[4]）。这里，我们使用布尔操作符or来识别4个相同骰子的情况，因为我们只要判断这两种情况中（前4个或后4个）的任何一个结果为True就可以了。

6.5.3　测试骰子

我们通过索引（或位置）来引用数组中的每一个单独的骰子，dice[0]引用dice数组中的第一项，dice[4]引用dice数组中的第5项，因为我们是从0开始计数的。正是采用这种方式，我们可以检查任何单个的骰子的值并将其与其他骰子的值进行比较。如表6-1所示的suit[]数组一样，dice[]数组中的每一项是一个单独的值。当调用dice[0]看它是否等于dice[3]的时候，我们是在查看第一个dice元素并且将其与第4个dice元素中的值进行比较。如果数组是排序的并且二者的值是相等的，我们知道有4个相同的元素。

　　要测试3个相同的骰子的情况，我们添加另外一条elif语句并且将3个相同骰子的测试放在4个相同骰子的测试之后，这样当没有5个相同的骰子且没有4个相同的骰子的时候，才会测试是否有3个相同的骰子；我们想要被告知最高分值。我们处理排序后，这里3个相同的骰子存在3种可能的情况：前3个骰子是一致的，中间的3个骰子是一致的，或者最后3个骰子是一致的。代码如下所示。

```
elif (dice[0] == dice[2]) or (dice[1] == dice[3]) or (dice[2] == dice[4]):
    print("Three of a kind")
```

　　现在，我们能够测试骰子游戏中的各种获胜的情况了，让我们来添加游戏循环和dice数组。

6.5.4　整合

　　以下是完整的FiveDice.py程序。我们可以在一个新的窗口中录入它，或者通过http://www.nostarch.com/teachkids/下载它。

FiveDice.py

```
    import random
    # Game loop
    keep_going = True
    while keep_going:
        # "Roll" five random dice
❶      dice = [0,0,0,0,0]      # Set up an array for five values dice[0]-dice[4]
❷      for i in range(5):      # "Roll" a random number from 1-6 for all 5 dice
❸          dice[i] = random.randint(1,6)
❹      print("You rolled:", dice)  # Print out the dice values
        # Sort them
❺      dice.sort()
        # Check for five of a kind, four of a kind, three of a kind
        # Yahtzee - all five dice are the same
        if dice[0] == dice[4]:
            print("Yahtzee!")
        # FourOfAKind - first four are the same, or last four are the same
        elif (dice[0] == dice[3]) or (dice[1] == dice[4]):
            print("Four of a kind!")
        # ThreeOfAKind - first three, middle three, or last three are the same
        elif (dice[0] == dice[2]) or (dice[1] == dice[3]) or (dice[2] == dice[4]):
            print("Three of a kind")
        keep_going = (input("Hit [Enter] to keep going, any key to exit: ") == "")
```

　　在我们导入random模块并通过一条while语句开始游戏循环，接下来的几行代码需要做一些说明。在❶处，我们创建一个名为dice的数组来保存5

个骰子的值并且将所有这些值都初始化为0。方括号"["和"]"与我们在第一个颜色列表中所使用的相同，和本章前面的牌面值和花色名的数组所用的方括号也相同。在❷处，我们创建一个运行5次的for循环（因为有5个骰子），使用从0到4的范围；这个值将会作为5个骰子的数组位置或索引编号。

在❸处，我们设置每一个单个的骰子，从dice[0]到dice[4]，相当于用一个范围从1到6的整数来表示5个骰子以及它们随机滚动的值。在❹处，我们通过打印出dice数组的内容，向用户展示他们所掷得的骰子；这条print语句的结果如图6-5所示。

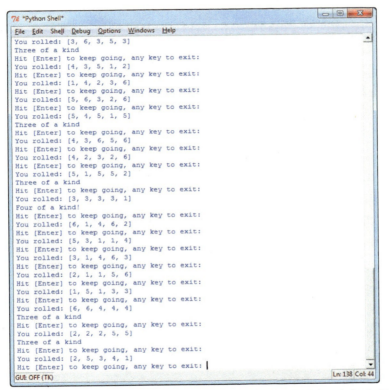

图6-5　骰子程序运行的一个示例（注意，我们掷出了几次3个相同的骰子和一次4个相同的骰子）

在❺处，我们在dice数组上调用.sort()函数。它将旋转后的骰子的值按照从小到大的顺序排列，相同的值分为一组，这使得测试各种相同的骰子更为容易，如5个相同的骰子、4个相同的骰子等情况。例如，如果我们掷出了[3, 6, 3, 5, 3]，dice.sort()函数将其转变为[3, 3, 3, 5, 6]。这条if语句检查第一个值是否等于第5个值，在这个例子中，由于第1个值和第5个值不相等（分别为

3和6），我们知道，并不是所有的骰子都具有相同的值，而且不是5个相同骰子的情况。第一条elif语句通过比较第1个值和第4个值（分别是3和5）同时比较第2个值和第5个值（分别是3和6）来检查4个相同的骰子的情况；再一次，它们不相等所以不是4个相同骰子的情况。第二条elif语句检查3个相同骰子的情况；由于第1个值和第3个值（分别都是3）是相等的，我们知道前3个值是相等的。我们通知用户，得到了3个相同的骰子并提示他们根据自己想要继续玩游戏还是退出游戏来按下按键，如图6-5所示。

运行该程序并按下Enter键几次，看看你能掷出什么结果。

你会注意到，经常会掷出3个相同的骰子，差不多每抛掷5到6次就会有一次这样的结果。4个相同骰子的结果很少，常常要抛掷50次才能遇到一次。在图6-5所示的试验中，输出差不多占满了屏幕，我们才遇到一次4个相同的骰子。Yahtzee就更少了，差不多要抛掷100次才能碰到一次Yahtzee，但是，由于有了随机数生成器，我们尝试几次就可能会碰到一次Yahtzee。即便简化版的Yahtzee不像真的游戏那么复杂，由于其随机的特性，也使它足够有趣而值得玩。

我们已经看到了随机性如何通过给骰子、纸牌游戏、Rock-Paper-Scissors和猜数字游戏添加运气的因素，从而使得游戏变得有趣。我们还使用随机数生成器将彩色的螺旋线布满了屏幕，从而享受创建出的万花筒式的图形。在6.6节中，我们会将已经学习的随机数和循环与一些几何知识组合起来，将随机的螺旋线程序变为一个真正的可视化的万花筒程序，每次运行该程序的时候，它都能够生成一组不同的反射图像。

遇到 Yahtzee 的次数

如果你对于 Yahtzee 背后的数学原理感兴趣并且想知道为什么 5 个相同骰子的机会这么少，这里给出一个快速的说明。首先，有 5 个骰子，每个骰子都有 6 面，因此，所有可能的组合的数目是 $6 \times 6 \times 6 \times 6 \times 6 = 6^5 = 7\,776$ 种。掷出 5 个常规的、6 面的骰子有 7 776 种。要搞清楚投掷 5 个骰子都具有相同的面值（5 个相同的骰子）的可能性，我们必须搞清楚有多少种 Yahtzees

的可能性：5 个 1 或者 5 个 2，以此类推，一直到 5 个 6。因此，我们在投掷 5 个骰子的时候，有 6 种可能的 Yahtzees。将 6 个 Yahtzees 除以总的可能性 7 776 种，得到了投掷到 5 个相同骰子的概率，6/7 776，也就是 1/1 296。

没错，投掷 1 296 次，你才有一次机会得到 5 个相同的骰子。因此，如果你投掷了很长时间也没有得到一次 5 个相同的骰子，不要灰心。平均来讲，你每投掷 1 300 次左右才能够碰到 1 次。难怪该游戏给一次 Yahtzee 计 50 分。

6.6　万花筒

图 6-2 所示的随机螺旋线彩色图片，看上去有点像是万花筒。为了让它更像是一个真正的万花筒，我们要给螺旋线程序添加它所缺乏的一项重要功能，即反射。

万花筒中正是通过放置镜子来使得随机的颜色和形状产生一种可爱的样式。在这个接近万花筒的示例中，我们想要通过修改 RandomSpiral.py 程序，在屏幕上将螺旋线"反射"4 次，以模拟镜子的效果。

要理解如何实现这种镜面效果，我们需要再介绍一下笛卡尔坐标系。我们假设看到 4 个点，分别是（4, 2）、（-4, 2）、（-4, -2）和（4, -2）。

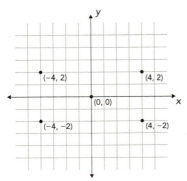

图 6-6　从（4, 2）开始的围绕 x 轴和 y 轴的 4 个反射点

比较上方的两个点（4, 2）和（-4, 2）。如果垂直的 y 坐标是镜子，这两个点彼此是对方的镜面反射图像，我们把（4, 2）称作（-4, 2）相对于 y 轴的反射。右边的两个点（4, 2）和（4, -2）之间也存在类似的情况，但是，它们是以 x 轴作为假想的镜子的，（4, -2）是（4, 2）相对于 x 轴的反射。

如果看一下图 6-6 中的每一个（x, y）坐标对，你会注意到一些事情，所有的 4 个（x, y）坐标都使用了相同的数字，4 和 2，只不过是根据其位置使用了不同的符号+或–。我们可以通过修改两个坐标值上的符号，来创建围绕着 x 轴和 y 轴的任意4个反射的点，如（x, y），（$-x, y$），（$-x$, $-y$）和（$x, -y$）。如果你愿意，可以尝试使用任意的（x, y）坐标对，将其绘制到一张纸上。例如，尝试一下（2, 3），那么（2, 3）、（–2, 3）、（–2, –3）和（2, –3）是 x 轴的上下两边以及 y 轴的左右两边的4个反射点。

有了这些知识，我们可以构建万花筒程序的框架了，如下所示。

1. 在屏幕的右上方选择一个随机的位置（x, y），并在那里绘制一条螺旋线；
2. 在屏幕的左上方的（$-x, y$）处，绘制相同的螺旋线；
3. 在屏幕的左下方的（$-x, -y$）处，绘制相同的螺旋线；
4. 在屏幕的右下方的（$x, -y$）处，绘制相同的螺旋线。

如果一次又一次地重复这些步骤，我们就得到了随机螺旋线的可爱的万花筒效果。

让我们看看Kaleidoscope.py的完整代码并看看其实际运行情况。

Kaleidoscope.py

```
import random
import turtle
t = turtle.Pen()
❶ t.speed(0)
turtle.bgcolor("black")
colors = ["red", "yellow", "blue", "green", "orange", "purple", "white", "gray"]
for n in range(50):
    # Generate spirals of random sizes/colors at random locations on the screen
    t.pencolor(random.choice(colors)) # Pick a random color from colors[]
    size = random.randint(10,40)    # Pick a random spiral size from 10 to 40
    # Generate a random (x,y) location on the screen
❷  x = random.randrange(0,turtle.window_width()//2)
❸  y = random.randrange(0,turtle.window_height()//2)
    # First spiral
    t.penup()
❹  t.setpos(x,y)
    t.pendown()
    for m in range(size):
        t.forward(m*2)
        t.left(91)
    # Second spiral
    t.penup()
❺  t.setpos(-x,y)
    t.pendown()
    for m in range(size):
        t.forward(m*2)
        t.left(91)
    # Third spiral
```

```
      t.penup()
❻    t.setpos(-x,-y)
      t.pendown()
      for m in range(size):
          t.forward(m*2)
          t.left(91)
      # Fourth spiral
      t.penup()
❼    t.setpos(x,-y)
      t.pendown()
      for m in range(size):
          t.forward(m*2)
          t.left(91)
```

　　首先，程序导入turtle和random模块，但是在❶处，我们做一些新的事情，使用t.speed(0)把海龟的速度修改为一个可能的最快值。海龟做图中的speed()函数接受从0~10的参数，1表示较慢的动画设置，10表示最快的动画设置，0表示没有动画（在计算机能够做到的情况下，绘制得尽可能地快）。从1到10，然后是0，这是一个奇怪的级别设置，但是只要记住，如果你想要海龟尽可能地快，就将速度设置为0。当你运行程序的时候会注意到，螺旋线几乎立刻就出现了。如果你想要海龟移动得较快的话，可以对之前的任何绘制程序做出这一修改。

　　我们的for循环看起来和RandomSpirals.py程序中的for循环有点像，直到❷和❸处。在❷处，我们将随机数字的水平范围截取一半，即只取正的x坐标值（屏幕的右半边，从x=0到x = turtle.window_width()//2）；在❸处，我们将垂直范围限定在屏幕的上半边，从y=0到y = turtle.window_height()//2。请记住，我们使用//符号进行整数的除法，以保证像素的数目是整数。

　　这两行代码每次都会在位于屏幕的右上方给出一个随机的（x, y）坐标对。在❹处，我们将海龟钢笔的位置设置为该点并且立即使用for循环绘制第一个螺旋线。然后，我们修改每个坐标值的符号，就像在图6-6中所做的一样，从而创建这个点在左上方（–x, y）（❺处）、左下方（–x, –y）（❻处）和右下方（x, –y）（❼处）的3个反射。图6-7给出了Kaleidoscope.py所能够产生的模式的一个示例。

　　你可以通过查找屏幕的其他3个角落，找到每个螺旋线的3个反射。这不是真正的镜像：我们并没有以相同的角度开始每一条螺旋线，并且没有在反射的螺旋线中向右旋转，而还是像在最初的螺旋线中一样，继续保持向左旋转。然而，如果你愿意的话，也可以对程序做这些修改。参见本章的编程挑战，可以了解使万花筒程序更酷的思路。

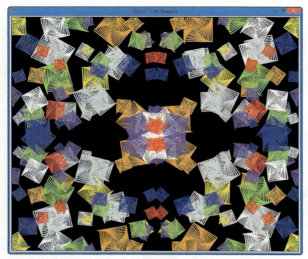

图 6-7　Kaleidoscope.py 中的镜面 / 重复效果

6.7　本章小结

在本章之前，我们没办法让计算机做出随机的行为。现在，我们可以让计算机掷骰子，在一副扑克牌中随机抽出一张牌，以随机的颜色、形状、大小和位置绘制螺旋线，它甚至可以在 Rock-Paper-Scissors 中战胜我们。

使这些程序成为可能的工具是 random 模块。在猜数字游戏中，我们使用 random.randint(1, 10) 来生成 1 ~ 10 之间的一个随机数。在随机螺旋线程序中，我们添加了 random.choice() 函数，从一个列表中选取一个随机颜色。我们学习了如何使用 turtle.window_width() 和 turtle.window_height() 函数来得到屏幕的宽度和高度。

我们还学习了如何使用笛卡尔坐标来找到屏幕上的（x, y）位置以及使用 random.randrange() 函数来生成范围在 x 坐标左边到右边以及 y 坐标的上边到下面范围之内的一个值。随后我们使用 turtle.setpos(x,y) 将海龟移动到任意的位置以绘制屏幕。

我们把使用 random.choice() 从列表中随机选择一项的功能，和使用 if-elif 语句测试和比较变量的功能组合起来，构建了一个"用户和计算机对战"的 Rock-Paper-Scissors 的版本。

我们学习了数组的概念并且通过构建花色名称的一个数组和牌面值的一个数组，使得纸牌游戏更容易编写。我们对每个数组使用 random.choice() 以模拟发牌。我们将牌面值从低到高排序并且使用.index()函数找到一个元素在数组中的位置。我们使用这两个牌面值的索引来看哪张牌的牌面值更大以及哪一位玩家将获得War纸牌游戏的胜利。我们构建了一个可以复用的游戏循环，它使用了用户输入的一个标志变量keep_going和一条while语句；我们可以将这个循环放入到用户可能想要连续玩或运行多次的任何游戏或App中。

我们通过构建Yahtzee的一个简化版，从而延伸了对数组的理解。我们创建了5个值的一个数组，这5个值从1到6，模拟5个骰子，使用randint()来模拟掷骰子，使用sort()来排序骰子数组，以便更容易检查获胜的情况。我们看到，在排序后的数组中，如果第1个值和最后一个值是相等的，意味着有5个相同的骰子。我们使用复合if语句以及or操作符来测试4个相同骰子的两种情况以及3个相同骰子的3种情况。我们使用if-elif语句来控制程序的逻辑，以便5个相同的骰子不会被当作4个相同的骰子等等。

在万花筒程序中，我们使用笛卡尔坐标做了更多事情并且通过修改（x, y）坐标值的符号来模拟反射的效果。我们在屏幕上将每一条随机大小、颜色和位置的螺旋线重复了4次，以创建万花筒效果。我们学习了如何使用t.speed(0)增加海龟绘制的速度。

随机数和选择增加了运气的因素，使游戏更有趣。我们现在玩过的每一款游戏，都有运气的因素。现在，既然能够给程序添加随机性，你应该能够编写人们爱玩的游戏了。

在此，你应该能够做到以下的事情：

- 在程序中导入random模块；
- 使用random.randint()生成给定范围内的随机数；
- 使用random.choice()从一个列表或数组中随机选取一个值；
- 使用random.choice()从只包含牌面值和花色的两个字符串数组中生成52张纸牌；
- 使用turtle.window_width()和turtle.window_height()确定绘制窗口的大小；
- 使用turtle.setpos(x,y)将海龟移动到绘制屏幕上的任何位置；
- 使用random.randrange()函数生成给定范围内的随机数；
- 使用.index()函数找出一个元素在列表或数组中的索引；
- 使用诸如keep_going的一个布尔标志变量来构建一个while游戏循环；
- 构建相似类型的值的一个数组，通过数组中的元素的索引将值分配给它们（如dice[0] = 2）并且像使用常规变量那样使用数组元素；

- 使用.sort()函数来排序列表或数组；
- 通过修改点的（x,y）坐标值的符号来照射相对于x轴和y轴的点；
- 使用.speed()函数来改变海龟绘制的速度。

6.8　编程挑战

作为本章的挑战难题，我们将拓展Kaleidoscope.py和HighCard.py程序（如果你遇到困难，可以访问http://www.nostarch.com/teachkids/寻找示例解答）。

#1：随机的边和厚度

通过添加两个随机变量，我们给Kaleidoscope.py程序增加更多的随机性。我们添加一个变量sides以表示边数，然后，使用该变量修改我们在螺旋线循环中每次要旋转的角度（因此，这也是螺旋线中的边数），使用360/sides + 1作为角度，而不是直接使用91。接下来，我们创建一个名为thick的变量，它将保存从1到6的随机数以表示海龟钢笔的粗细。我们在合适的位置添加一行t.width(thick)，来修改随机的万花筒效果中的每一条螺旋线的粗细。

#2：逼真的镜面反射螺旋线

如果有一些几何知识，我们可以再做两项修改，让万花筒更加逼真。首先，我们在绘制第1条螺旋线之前，通过t.heading()记录海龟所朝向的方向（在0到360°之间），将其存储到一个名为angle的变量中。然后，在绘制每一条镜面反射螺旋线之前，通过t.setheading()把海龟的朝向修改为正确的镜面反射方向。提示：第2个角度应该是180-angle，第3个螺旋线角度应该是angle-180，第4个螺旋线角度应该是360-angle。

然后，我们尝试在每次绘制了第1条和第3条螺旋线之后向左旋转，在绘制了第2条和第4条螺旋线之后向右旋转。如果实现了这些改进，螺旋线应该看上去在大小、形状、颜色、粗细和方向上都真的像是镜面反射图像。如果你愿意，甚至可以避免形状如此重叠，只要将x坐标和y坐标修改为random.randrange(size,turtle.window_width()//2)和random.randrange(size,turtle.window_height()//2)就可以了。

通过做3点修改，我们将HighCard.py变为完整的War游戏。首先，我们记录分数，创建两个变量来记录计算机赢了几把以及玩家赢了几把。其次，我们通过发26手牌来模拟玩一整幅牌（可能使用一个for循环取代while循环，或者是通过记录目前为止已经玩过的牌的号码），然后根据哪一个玩家得到了更多的分数来宣布获胜者。第三，我们让程序来处理平局，记住连续出现了多少次平局，当下一次一个玩家获胜的时候，将最近的平局次数加入到该获胜者的分数之中并且将平局的次数重新设置为零，以备下一回合使用。

第 7 章

函数（那些东西有了一个名字）

　　到目前位置，我们已经使用了很多函数，从 print() 到 input() 再到 turtle.forward()，所有这些都是函数。但是，所有这些函数，要么是内建的函数，要么是从 Python 模块或库导入的函数。在本章中，我们将编写自己的函数来做任何我们想做的事情，包括对用户点击鼠标或按下按键这样的动作做出响应。

函数是有帮助的，因为它使我们能够组织重用的代码然后通过一个简短的名称或命令在程序中引用这段代码。以input()为例，它打印出一个文本提示符，请用户进行输入，收集用户输入的内容并且将其作为一个可以存储在变量中的字符串传递给程序。任何时候，只要想从用户那里获知某些更多的内容，我们就复用input()函数。如果没有这个函数，每次想要向用户询问一些信息的时候，我们可能都要自己来做所有的这些工作。

　　turtle.forward()函数是另一个很好的可视化的例子：每次我们都把海龟向前移动以绘制螺旋线的一边。在海龟当前所朝向的方向上，Python每次在屏幕上绘制一个像素，直到达到我们所要求的确切长度。如果没有turtle.forward()函数，我们每次都必须搞清楚如何在屏幕上显示彩色像素，记录位置和角度并且做一些相当复杂的数学计算才能绘制一定的距离。

　　没有这些函数的话，我们的程序会很长，很难阅读，也很难编写。函数使我们能够利用众多程序员同行之前的编程作品。好消息是，我们也可以编写自己的函数来使得代码变短，更容易阅读并且更容易重用。

　　在第6章中，我们构建了绘制随机的螺旋线和一个万花筒样式的程序。我们可以使用函数使这些程序的代码更易于阅读并且使得代码的各个部分具有可重用性。

7.1　用函数整合内容

　　我们回过头来看看RandomSpirals.py程序。第1个for循环中的所有内容，都是创建一个随机的螺旋线的代码。这个for循环使用这段代码绘制了50个随机颜色、大小和位置的螺旋线。

　　假设你想要在另外一个程序中使用这段随机螺旋线代码，例如，在一款游戏或一个屏保App中。在RandomSpirals.py中，要说清楚实际的螺旋线绘制从哪里开始到哪里结束，这并不容易，可我们只是在片刻之前编写了这段代码啊。想象一下，要是3个月后再回头来看这段程序，那会怎样？我们会很难搞清楚这个App要做什么，想要再次绘制随机的螺旋线的话，也搞不清楚需要把哪些代码行复制到新程序中。

为了使得代码段以后能够更具有可重用性，或者是目前只是为了更容易阅读，我们可以定义一个函数（define a function）并给它起一个易于理解的名字，例如input()或turtle.forward()。定义一个函数，也叫作声明（declaring）函数，这只是意味着告诉计算机想要让该函数做什么。我们创建可以在屏幕上绘制一条随机螺旋线的一个函数，将其命名为random_spiral()。任何时候，当我们想要绘制随机螺旋线，就可以在任何程序中复用该函数。

7.1.1　定义 random_spiral()

我们打开RandomSpirals.py（该程序在第6章中），将其保存为一个名为Random Spirals Function.py的新文件，而且在设置了海龟的钢笔、速度和颜色之后，但是在for循环之前，开始该函数的定义（可以参考后面最终的程序，看看它是如何工作的）。random_spiral()函数的定义之所以要放在海龟设置之后，是因为该函数需要使用海龟钢笔t和颜色列表。而这个函数定义之所以放在for循环之前，是因为将要在该for循环中使用random_spiral()，在使用一个函数之前必须先定义它。既然在程序中找到了正确的位置，现在我们开始定义random_spiral()函数。

在Python中，我们使用关键字def（definition的缩写）来定义一个函数，后面跟着函数的名称，圆括号()以及一个冒号（:）。如下是我们将要构建的random_spiral()函数的第1行。

```python
def random_spiral():
```

函数定义剩下的部分是一条或多条语句，都向右缩进，就像是将语句组织到for循环中时一样。要绘制一条随机的螺旋线，我们需要设置一个随机的颜色、一个随机的大小以及屏幕上的一个随机的(x, y)位置，然后，将钢笔移动到那里并绘制螺旋线。以下代码是完整的random_spiral()函数。

```python
def random_spiral():
    t.pencolor(random.choice(colors))
    size = random.randint(10,40)
    x = random.randrange(-turtle.window_width()//2,
                         turtle.window_width()//2)
    y = random.randrange(-turtle.window_height()//2,
                         turtle.window_height()//2)
    t.penup()
    t.setpos(x,y)
    t.pendown()
    for m in range(size):
        t.forward(m*2)
        t.left(91)
```

注意 当定义函数的时候，计算机不会真正运行其中的代码。如果在 IDLE 中输入该函数定义，我们也不会得到一条螺旋线。要真正地绘制螺旋线，我们需要调用 random_spiral() 函数。

7.1.2　调用 random_spiral()

函数定义只是告诉计算机当某人真正调用该函数的时候，我们想要做些什么。在定义一个函数之后，我们在程序中通过使用后面跟着一个圆括号的函数名调用它。

```
random_spiral()
```

我们要记住使用这个圆括号，因为它告诉计算机我们想要运行该函数。既然已经将random_spiral()定义为一个函数，当我们在自己的程序中像这样调用random_spiral()的时候，会得到在海龟屏幕上绘制的一条随机的螺旋线。现在，要绘制50条随机螺旋线，我们可以把for循环简化为如下所示，而不需要再使用RandomSpirals.py中的所有那些代码了。

```
for n in range(50):
    random_spiral()
```

得益于使用我们自己构建的函数，这个循环很容易阅读。通过复制并粘贴函数定义，我们已经使代码更容易理解了，而且可以很容易地将随机螺旋线代码放入到另一个程序之中。

如下是完整的程序，我们可以在IDLE中录入它并将其保存为RandomSpirals Function.py，或者从http://www.nostarch.com/teachkids/下载它。

RandomSpiralsFunction.py

```
import random
import turtle
t = turtle.Pen()
t.speed(0)
turtle.bgcolor("black")
colors = ["red", "yellow", "blue", "green", "orange", "purple",
          "white", "gray"]
def random_spiral():
    t.pencolor(random.choice(colors))
    size = random.randint(10,40)
    x = random.randrange(-turtle.window_width()//2,
                         turtle.window_width()//2)
    y = random.randrange(-turtle.window_height()//2,
                         turtle.window_height()//2)
```

```
t.penup()
t.setpos(x,y)
t.pendown()
for m in range(size):
    t.forward(m*2)
    t.left(91)

for n in range(50):
    random_spiral()
```

除了得到了一个更加可读的程序，我们还得到了一个可以重用的random_spiral()函数，我们可以复制、修改它并且可以很容易地在其他程序中使用它。

如果我们发现自己一次又一次地重用一段代码，那么可以将其转换为一个函数，就像我们使用def对random_spiral()所做的那样，你会发现，这样很容易移植代码，也就是说，将其复制到新的应用程序中并使用它。

>  **注意** 我们甚至可以创建自己的模块，其中充满了各种函数，而且就像我们在自己的程序中导入turtle和random那样来导入你自己的模块（阅读附录C了解如何在Python中创建一个模块）。通过这种方式，你可以和朋友分享代码。

7.2 参数——传给函数

当创建函数的时候，我们可以为函数定义参数（parameter）。参数允许我们通过传入值，作为括号中的实参，从而给函数发送信息。在第1条print()语句中，我们已经给函数传递参数了。当我们编写print（"Hello"）的时候，"Hello"是一个参数，表示要打印到屏幕上的字符串值。当调用turtle函数t.left(90)的时候，我们是传入值90作为想要让海龟向左旋转的度数。

random_spiral()函数并不需要参数。它所需要的所有信息都在函数的代码之中了。但是，如果愿意，我们可以构建以参数形式接受信息的函数。让我们来定义一个draw_smiley()函数，它在屏幕上的随机的位置绘制一个笑脸。该函数将接受一对随机的坐标并且在该坐标上绘制笑脸。我们将在名为RandomSmileys.py的程序中定义和调用draw_smiley()。完整的程序在后面给出，让我们来一步一步地构建它。

7.2.1　在随机位置微笑

我们想要编写一个程序来绘制笑脸，而不是绘制随机的螺旋线。要绘制笑脸，可能需要比随机选取颜色、大小并绘制一条螺旋线再进行更多些规划。让我们还是回去看看第6章中的老朋友，即一张图画纸。由于在之前的程序中没有绘制过像笑脸这样复杂的内容，我们最好先在纸上绘制，然后一次一部分地将其转换为代码。

图7-1展示了图画纸网格上的一个笑脸，我们可以用来规划自己的绘图。

程序将在整个屏幕上的随机的（x, y）坐标处绘制一个这样的笑脸。draw_smiley()的函数定义将接受两个参数 x 和 y，来表示绘制笑脸的位置。如图7-1所示，我们将绘制出笑脸就像它位于（x, y）位置，以便图片通过将其原点（0，0）放置在屏幕上的任何其他点（x, y）之上，从而移动这个笑脸模板。让我们先搞清楚如何从一个给定的点开始绘制每一张笑脸。

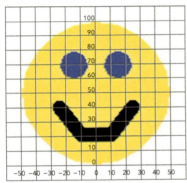

图 7-1　我们现在设计程序在纸上画出来一个笑脸

绘制脑袋

每个笑脸都有一个黄色的圆表示脑袋，两个小的蓝色的圆表示眼睛，还有一些黑色的线条表示嘴巴。给定屏幕上的一个点，draw_smiley()函数需要在相应给定的点的正确位置绘制一个脑袋、两只眼睛以及嘴巴。要搞清楚需要放入到函数定义中的代码，我们要先分别来规划脑袋、眼睛和嘴巴，从脑袋开始。我们先绘制脑袋，以便它不会盖住接下来要绘制的眼睛和嘴巴。

我们将图7-1中的每一条网格线都计算为10个像素，因此，我们所绘制的笑脸将会有100个像素那么高，在大多数计算机屏幕上，这差不多等于1英寸。由于圆的直径（diameter）是100像素，也就是其高度和宽度是100像素，这意味着其半径（直径的一半）为50像素。之所以需要半径，是因为turtle模块的circle()命令默认半径作为参数。t.circle(50)命令绘制半径为50的一个圆（其直径为100）。

circle()函数直接在海龟的当前位置（x, y）上绘制了一个圆。我们需要知道这个位置，以便正确地放置眼睛和嘴巴，所以我们绘制笑脸使得其底边刚好位于原点（0, 0）上。我们可以添加每个部分的坐标，通过参照笑脸的原点（0, 0）的起始坐标（x, y），以计算出需要在哪里绘制每一部分。

要绘制大的黄色的脑袋，我们将钢笔的颜色设置为黄色，使填充色为黄色，打开笔刷来填充形状，绘制圆（由于我们打开了笔刷填充，将会使用黄色填充这个圆），当完成之后关闭笔刷填充。假设我们在程序前面定义了一个名为t的海龟钢笔，在当前（x, y）位置绘制作为笑脸脑袋的黄色圆圈的代码如下所示。

```
# Head
t.pencolor("yellow")
t.fillcolor("yellow")
t.begin_fill()
t.circle(50)
t.end_fill()
```

要使用黄色填充圆圈，我们在t.circle(50)命令周围添加4行代码。首先，我们使用t.pencolor（"yellow"）将钢笔的颜色设置为黄色。其次，我们使用t.fillcolor（"yellow"）设置填充颜色。第三，在调用t.circle(50)命令绘制笑脸之前，告诉计算机我们想要填充所绘制的圆，我们使用t.begin_fill()函数来做到这一点。最后，在绘制圆之后，我们调用t.end_fill()函数告诉计算机已经绘制完了想要使用颜色填充的形状。

绘制眼睛

首先，我们需要搞清楚把海龟放在哪里才能把左眼绘制到正确的位置；然后将填充色设置为蓝色；最后，绘制正确大小的一个圆。眼睛大概有20个像素（两条网格线）那么高，同时我们知道直径为20意味着半径为10个像素，因此，使用t.circle(10)命令来绘制每一只眼睛。难处理的部分在于确定在哪里绘制眼睛。

（x, y）起始点是每一个笑脸的本地原点，而且由此可以定位图7-1所示的左眼。它看上去像是从原点之上大约6个网格的地方开始（在y轴正方向之上60个像素），位于y轴左边的1.5个网格线处（或者说在x轴负方向上，大约向左15个像素）。要告诉程序如何找到绘制左眼的正确位置，我们从传递给函数的一对参数（x, y）开始。要将大的黄色圆的底部置于这个给定的位置，我们需要将开始的*x*位置向左移动15个像素，把开始的*y*位置向上移动60个像素，也就是移动到（*x*–15, *y*+60）。因此，调用t.setpos(*x*–15, *y*+60)应该能够将海龟放到需要开始绘制左眼的位置。如下是绘制左眼的代码。

```
# Left eye
t.setpos(x-15, y+60)
t.fillcolor("blue")
t.begin_fill()
t.circle(10)
t.end_fill()
```

容易犯的一个错误是只使用（–15, 60）作为setpos命令的参数，但是要记住，我们需要在屏幕上的各个不同的（*x*, *y*）位置绘制很多的笑脸；并不是所有的笑脸都从（0, 0）开始。命令t.setpos(*x*–15, *y*+60)将确保无论从哪里开始绘制黄色的笑脸，左眼都会位于脸部的左上方。

绘制右眼的代码和绘制左眼的代码几乎是相同的。我们可以看到，右眼位于（*x*, *y*）位置的右边的15个像素（1.5个网格）处并且仍然位于其上60个像素处。命令t.setpos(*x*+15, *y*+60)对称地放置了右眼的位置。如下是绘制右眼的代码。

```
# Right eye
t.setpos(x+15, y+60)
t.begin_fill()
t.circle(10)
t.end_fill()
```

右眼的填充颜色仍然是蓝色，因此，我们只需要将海龟设置到正确的位置（*x*+15, *y*+60），打开填充，绘制眼睛，然后完成填充即可。

绘制嘴巴

现在，我们来规划笑脸最重要的部分，即微笑。要让微笑简单一点，我们打算绘制三条粗粗的、黑色的线段组成的嘴巴。嘴巴的最左边看上去是从点（*x*, *y*）左边的2.5个网格线和上边的4个网格线开始的，因此，我们将海龟放在（x–25, y+40）的位置来开始绘制微笑。我们将钢笔颜色设置为黑色，宽度设置为10，以便微笑比较粗并且容易看到。从微笑的左上角开始，我们需要到达点（x–10, y+20），然后到达（x+10, y+20），最后到达微笑的右上角，也就是（x+25, y+40）的位置。注意，这些成对的点彼此是相对于y轴的镜面图像，这使得笑脸看上去很漂亮且对称。

绘制嘴巴的代码如下。

```
# Mouth
t.setpos(x-25, y+40)
t.pencolor("black")
t.width(10)
t.goto(x-10, y+20)
t.goto(x+10, y+20)
t.goto(x+25, y+40)
❶ t.width(1)
```

将海龟放置到嘴巴的左上角之后，我们将钢笔的颜色改为黑色并将宽度改为10。我们通过告诉海龟到达嘴巴的3个点中的每一个来开始绘制嘴巴。Turtle模块的goto()函数所做的事情和setpos()相同，它将海龟移动到一个给定的点。这里，使用该函数只是为了让你看到setpos()函数还有一个替代的函数。最后，在❶处，t.width(1)将钢笔的宽度设置回1，以便绘制下一个笑脸的时候图形不会太粗。

剩下的只是使用绘制笑脸的所有代码来定义draw_smiley()函数，我们建立一个循环在屏幕上生成50个随机的（x, y）位置并且调用draw_smiley(x,y)函数在所有的50个位置绘制笑脸。

draw_smiley()函数的定义需要接受两个参数x和y，表示要绘制笑脸的位置，而且还需要抬起海龟钢笔将海龟移动到（x, y）位置，然后将钢笔放回以准备进行绘制。此后，我们只需要将绘制大的黄色脸部、左眼、右眼以及嘴巴的代码段添加到其中就行了。

```
def draw_smiley(x,y):
    t.penup()
    t.setpos(x,y)
    t.pendown()
    # All of your drawing code goes here...
```

最后的代码段是为笑脸生成50个随机的位置的for循环以及调用draw_smiley()函数来绘制每一个笑脸，如下所示。

```
for n in range(50):
    x = random.randrange(-turtle.window_width()//2,
                         turtle.window_width()//2)
```

```
y = random.randrange(-turtle.window_height()//2,
                     turtle.window_height()//2)
draw_smiley(x,y)
```

随机的 *x* 和 *y* 坐标值和我们在第6章中见到的一样，都是从屏幕的左半部分到右半部分，从屏幕的下半部分到上半部分生成的随机的点。使用 draw_smiley(x,y)，我们传入这些随机坐标作为 draw_smiley() 函数的参数，该函数将在这些随机位置绘制笑脸。

7.2.2　整合

将程序整合起来，我们应该会看到如下的代码。

RandomSmileys.py

```
import random
import turtle
t = turtle.Pen()
t.speed(0)
t.hideturtle()
turtle.bgcolor("black")
❶ def draw_smiley(x,y):
    t.penup()
    t.setpos(x,y)
    t.pendown()
    # Head
    t.pencolor("yellow")
    t.fillcolor("yellow")
    t.begin_fill()
    t.circle(50)
    t.end_fill()
    # Left eye
    t.setpos(x-15, y+60)
    t.fillcolor("blue")
    t.begin_fill()
    t.circle(10)
    t.end_fill()
    # Right eye
    t.setpos(x+15, y+60)
    t.begin_fill()
    t.circle(10)
    t.end_fill()
    # Mouth
    t.setpos(x-25, y+40)
    t.pencolor("black")
    t.width(10)
    t.goto(x-10, y+20)
    t.goto(x+10, y+20)
    t.goto(x+25, y+40)
    t.width(1)
```

```
❷ for n in range(50):
    x = random.randrange(-turtle.window_width()//2,
                          turtle.window_width()//2)
    y = random.randrange(-turtle.window_height()//2,
                          turtle.window_height()//2)
    draw_smiley(x,y)
```

和平常一样，我们导入所需的模块并且将海龟的速度设置为0（最快的速度）。我们使用hideturtle()以便海龟自身并不会出现在屏幕上，这也会加速绘制。在❶处，我们定义了draw_smiley()函数，其职责是绘制笑脸、左眼、右眼和嘴巴，使用之前所编写的所有代码来做到这些。该函数只需要一个x坐标和一个y坐标就可以完成这些工作。

在❷处的for循环中，程序选取了一个随机的x和y并传递给了draw_smiley()，然后，它在相对该随机点正确的位置绘制了一个具备所有部件的笑脸。

RandomSmileys.py程序将在绘制屏幕上的随机位置绘制50个笑脸，如图7-2所示。你可以定制程序来绘制你想要的任何形状，只要你设计一个函数，从任意的（x, y）位置开始绘制该形状就可以了。像我们在这个示例中所做的那样，首先用一张绘图纸画出该形状，以便更容易找到那些重要的点。一些笑脸只是在屏幕的左边界或右边界显示了一半的内容，或者几乎完全在屏幕之外，如果这令你感到烦恼，可以在x和y的randrange()语句中使用一些数学运算来保持笑脸完全在屏幕上。访问http://www.nostarch.com/teachkids/可以找到这一挑战的一个示例解答。

图7-2　RandomSmileys.py 程序产生一个令人愉快的结果

7.3 返回——发回统计结果

我们可以使用参数把信息发送给一个函数，但是，如果想要接收来自函数的信息，该怎么办呢？例如，如果构建了一个函数，将英寸转换为厘米，并且想要将转换后的数字存储起来供后续的计算使用，而不是直接将其打印到屏幕上，该怎么办呢？要将一个函数返回的信息传递给程序的剩余部分，使用一条 return 语句。

7.3.1 从函数返回一个值

很多时候，我们想要从一个函数得到返回的信息。例如，我们真正来构建一个函数，将英寸转换为厘米，将这个函数命名为 convert_in2cm()。我们可以想象，想要这个函数接受的参数是以英寸为单位的一个数量。但是，这个函数最好能够将信息返回给程序的剩余部分，也就是说，将转换后的厘米数返回。

要将英寸表示的长度转换为其对应的厘米，我们要将英寸的数字乘以2.54，这是1英寸大概等于的厘米数。要将计算值传回给程序的剩余部分，我们使用一条 return 语句。关键字 return 后面的值将会作为函数的返回值（return value）或结果，传回给程序。让我们来定义该函数。

```
def convert_in2cm(inches):
    return inches * 2.54
```

如果我们在 Python shell 中输入这两行代码，然后输入 convert_in2cm(72) 并按下回车键，Python 将会返回182.88。也就是说，72英寸（或者说6英尺，这也是我的身高）大约等于182.88厘米。182.88是该函数返回的值并且是在命令行 shell 中返回的，当它调用一个函数之后，我们看到返回值在下一行打印出来。

我们也可以执行另一个有用的转换，即从磅到千克的转换。要将磅转换为千克，我们需要将磅表示的重量除以2.2，这是1千克大概等于的磅数。我们创建一个名为的 convert_lb2kg() 函数，它将接受一个表示多少磅的值作为参

数并返回转换后的千克的值。

```python
def convert_lb2kg(pounds):
    return pounds / 2.2
```

return语句就像是一种用法和参数相反的语句，不过我们只能返回一个（one）值，而不能像接受一组参数一样返回一组值（但返回的这一个值可以是列表，因此，稍微做一些工作，也可以在一个单个的返回变量中传递多个值）。

7.3.2　在程序中使用返回值

使用这两个转换函数，我们可以构建一个简单的应用程序，即一个乒乓球的重量和高度计算器。这个程序将询问问题"How many Ping-Pong balls tall am I?"（我有多少个乒乓球那么高？）和"What is my weight in Ping-Pong balls?"（我有多少个乒乓球那么重？）。

一个正规的乒乓球的重量是2.7克（0.095盎司），高度是40毫米（4厘米或1.57英寸）。要计算多少个乒乓球才能达到我们的体重和身高，我们需要用厘米表示的身高值除以4，而用克表示的体重值除以2.7。但是，并不是每个人都知道自己体重是多少克、身高是多少厘米。在美国，人们通常使用磅来表示体重，使用英尺和英寸来表示身高。好在，刚刚编写的这两个转换函数，能够帮助我们将这些单位转换为对等的度量系统。然后，我们使用这些数字来进行到乒乓球单位的转换。

我们的程序将定义两个转换函数，分别是convert_in2cm()和convert_lb2kg()。然后，它询问用户的身高和体重是多少，以乒乓球为单位来计算用户的身高和体重并且将计算的结果显示在屏幕上。输入和运行的代码如下。

PingPongCalculator.py

```python
❶ def convert_in2cm(inches):
       return inches * 2.54

  def convert_lb2kg(pounds):
      return pounds / 2.2

❷ height_in = int(input("Enter your height in inches: "))
  weight_lb = int(input("Enter your weight in pounds: "))

❸ height_cm = convert_in2cm(height_in)
❹ weight_kg = convert_lb2kg(weight_lb)

❺ ping_pong_tall = round(height_cm / 4)
❻ ping_pong_heavy = round(weight_kg * 1000 / 2.7)
```

```
❼ feet = height_in // 12
❽ inch = height_in % 12
❾ print("At", feet, "feet", inch, "inches tall, and", weight_lb,
        "pounds,")
  print("you measure", ping_pong_tall, "Ping-Pong balls tall, and ")
  print("you weigh the same as", ping_pong_heavy, "Ping-Pong balls!")
```

在❶处，我们输入我们所开发的两个转换公式。这两个函数都接受一个输入参数（分别是inches和pounds）并且每个函数都返回一个值。在❷处，我们询问用户的身高和体重并且将这些值分别存储到height_in和weight_lb中。在❸处，我们调用convert_in2cm()函数，传入height_in作为想要转换的值并且将转换的结果存储到变量height_cm中。在❹处，我们执行另一个转换计算，使用convert_lb2kg()函数将用磅（缩写为lbs）表示的某人的体重，转换为对等的千克（kg）值。

❺处的等式做了两件事情。首先，它将以厘米为单位的用户身高除以4，得到以乒乓球为单位的身高；然后，它使用round()函数将结果舍入为最近的整数值并且将结果存储到变量ping_pong_tall中。在❻处，我们做类似的事情，通过乘以1000，将千克为单位的用户体重转换为以克为单位的值，然后用其除以2.7，这个值是一个标准的乒乓球的重量。得到的数字舍入为最近的整数值并且将其存储到变量ping_pong_heavy中。

在❼和❽处，我们只需要稍微做一些数学运算，就可以计算出英尺和英寸表示的一个人的身高。正如前面所提到的，这是美国通常表示身高的方式，同时这是画龙点睛的一笔，也是检查用户是否输入了正确的信息的一种方式。"//"操作符执行整除，因此，66英寸或者说5.5英尺，最终都只会将5存储到变量feet中并且"%"操作符（模除）会存储余数，也就是6英寸。❾处的Print语句打印出用户的身高和体重，既以标准单位表示，也以乒乓球为单位表示。

以下是运行乒乓球计算器程序的几个示例结果，其中用乒乓球分别度量了作者的儿子Max和Alex以及作者的数据（唯一缺点是，现在作者的孩子真的想要31 000个乒乓球）。

```
>>> ============================== RESTART ==============================
>>>
Enter your height in inches: 42
Enter your weight in pounds: 45
At 3 feet 6 inches tall, and 45 pounds,
you measure 27 Ping-Pong balls tall, and
you weigh the same as 7576 Ping-Pong balls!
```

```
>>> ============================= RESTART =============================
>>>
Enter your height in inches: 47
Enter your weight in pounds: 55
At 3 feet 11 inches tall, and 55 pounds,
you measure 30 Ping-Pong balls tall, and
you weigh the same as 9259 Ping-Pong balls!
>>> ============================= RESTART =============================
>>>
Enter your height in inches: 72
Enter your weight in pounds: 185
At 6 feet 0 inches tall, and 185 pounds,
you measure 46 Ping-Pong balls tall, and
you weigh the same as 31145 Ping-Pong balls!
>>>
```

我们创建的任何函数都能够返回一个值，就像所定义的任何函数都能够接受参数作为输入一样。根据想要函数做的事情，我们使用参数和返回值功能中的一项或者两项，以编写出想要让函数确切执行的代码。

7.4 交互简介

我们已经编写了好看的图形化App的代码，但是，距离构建下一个电子游戏或移动App还差那么一两步。我们还需要学习的一项剩余的技巧，就是编写用户交互：让程序能够对鼠标点击、按下键盘等做出响应。

大多数的App都是交互性的（interactive），它们允许用户触摸、点击、拖动或按下按钮并且能够感知到对程序的控制。我们称这些为事件驱动（event-driven）App，因为它们等待执行一个动作（或事件）。响应用户事件的代码，例如当用户点击一个图标的时候打开一个窗口，或者当用户触动一个按钮的时候启动一个游戏，这叫作事件处理程序（event handler），因为它会处理或响应来自用户的事件。这也叫作事件监听程序（event listener），因为它就像是耐心地坐在那里，等着听用户告诉它做什么。我们将要学习处理用户事件并且让程序甚至更加专注并具有可交互性。

7.4.1 处理事件——TurtleDraw

让App处理用户事件的方式有很多种。Python的turtle模块包含了一些用于处理用户事件的函数，包括鼠标点击和按下键盘等事件。我们首先要尝试的是turtle.onscreenclick()函数。正如名称所示，这个函数允许我们处理用户通过点击海龟屏幕而创建的事件。

这个函数和我们前面使用和构建的函数有一点不同，发送给turtle.onscreenclick()的参数不是一个值，而是另外一个函数的名称，例如turtle.onscreenclick(t.setpos)。

---

turtle.onscreenclick(t.setpos)

还记得吧，我们曾经使用setpos()函数将鼠标移动到屏幕上的某一个(x, y)位置，现在，当鼠标在海龟屏幕上点击的时候，我们将告诉计算机应该将海龟设置到在屏幕上点击的位置。如果一个函数作为参数传递给了另一个函数，我们有时候将前者称为回调函数（callback function，因为它将由其他的函数回调）。注意，当我们将一个函数当做参数发送给另一个函数的时候，内部的函数在其函数名称的后面并不需要一对圆括号。

通过将函数名t.setpos发送给turtle.onscreenclick()，我们告诉计算机想要在屏幕点击的时候这么做：将海龟的位置设置为用户点击的位置。让我们用一个简单的程序来尝试它。

TurtleDraw.py

```python
import turtle
t = turtle.Pen()
t.speed(0)
turtle.onscreenclick(t.setpos)
```

我们在IDLE中输入这4行代码，运行程序，然后，点击屏幕上的不同的位置。你只用4行代码就创建了一个绘制程序！图7-3展示了我所绘制的示例草图。

图 7-3　一个 TurtleDraw.py 草图（这就是为什么我是一位作者而不是画家）

这之所以有效，是因为我们告诉计算机，当用户在屏幕上点击鼠标的时候，将海龟的位置设置为点击的位置。海龟的钢笔默认是放下的，因此，当用户在绘制窗口中点击的时候，海龟会移动到那里并且绘制一条从旧的位置到用户点击的位置的直线。

你可以修改屏幕的背景颜色、海龟钢笔的颜色、钢笔的粗细等来定制TurtleDraw.py。请查看作者的4岁儿子所创作的版本（作者给了他一些帮助）。

TurtleDrawMax.py

```
import turtle
t = turtle.Pen()
t.speed(0)
turtle.onscreenclick(t.setpos)
turtle.bgcolor("blue")
t.pencolor("green")
t.width(99)
```

Max喜欢这个绘图程序（很喜欢），但是，他想要让屏幕是蓝色的，钢笔是绿色的并且笔很粗，因此，我们将bgcolor()、pencolor()和width()分别设置为blue、green和99。在告诉计算机当鼠标在屏幕上点击的时候做什么之后，我们做出了随意的选择来设置这些属性。

这很好，因为只要程序监听到鼠标点击，它就会持续运行，因此，在用户第一次点击的时候，屏幕和钢笔就有了正确的颜色和粗细，如图7-4所示。

图7-4　使用TurtleDrawMax.py程序并点击几次之后完成的绘制

使用setpos()函数作为turtle.onscreenclick()的回调函数，我们就创建了一个有趣的绘图程序，它可以和用户交互，当用户点击鼠标的时候，它朝着用户点击的位置绘制直线。这里可以尝试用不同的颜色、宽度或者你自己想要做的任何修改，来定制这个 App。

7.4.2　监听键盘事件——ArrowDraw

通过海龟绘制程序，我们看到了如何监听鼠标点击，从而让用户感受到他们对程序有了更多的控制。在本节中，我们将学习使用键盘交互为用户提供更多的选项。我们还是定义自己的函数来做事件处理程序。

在 TurtleDraw.py 程序中，我们将 t.setpos 当作回调函数传递，来告诉计算机当 onscreenclick() 事件发生的时候该做什么；我们想要将海龟的位置设置为屏幕上鼠标点击的位置。turtle 模块中已经有了 setpos() 函数，但是，如果想要创建自己的函数来处理事件，我们该怎么办呢？假设我们想要构建一个程序，它允许用户通过按下箭头键而不是点击鼠标按钮在屏幕上移动海龟，我们该如何做到这点呢？

首先，我们必须构建函数，针对每次键盘上的箭头键的按下来移动海龟，其次，必须让计算机监听那些将被按下的箭头键。让我们编写一个程序来监听向上箭头键（↑）、向左箭头键（←）和向右箭头键（→），而且允许用户通过这些键分别向前移动海龟，让海龟向左或向右旋转。

让我们来定义一些函数——up()、left() 和 right()，它们将移动和旋转海龟。

```
def up():
    t.forward(50)
def left():
    t.left(90)
def right():
    t.right(90)
```

首先，第 1 个函数 up() 将海龟向上移动 50 个像素，其次，函数 left() 将海龟向左旋转 90°。最后，right() 将海龟向右旋转 90°。

要在用户按下正确的箭头键的时候运行这些函数中的每一个，我们必须告诉计算机哪个键对应哪一个函数并且让计算机开始监听键盘按下事件。要为一个键盘按下事件设置回调函数，我们使用 turtle.onkeypress()。这个函数通常接受两个参数：回调函数的名称（我们所创建的事件处理函数）以及要监听的具体的键。要将 3 个函数中的每一个都连接到相应的箭头键，我们可以编写为如下格式。

```
turtle.onkeypress(up, "Up")
turtle.onkeypress(left, "Left")
turtle.onkeypress(right, "Right")
```

第 1 行将 up() 函数设置为"Up"箭头键的事件处理程序，函数名（up）

放在前面，"Up"是向上箭头键（↑）的名称。对于向左箭头键和向右箭头键的按键事件来说，这也是同样的。最后一步是告诉计算机开始监听按键事件，这是通过如下这条命令做到的。

```
turtle.listen()
```

我们之所以需要这最后一行，有几个原因。首先，和鼠标点击不同，只是按下一个键并不能保证海龟窗口接收到按键事件。当你在桌面上点击一个窗口的时候，该窗口移动到了前面并且接收焦点（focus），这意味着窗口将接收用户的输入。当你在海龟窗口上点击鼠标，它自动地让该窗口成为屏幕上的焦点，也成为任何后续鼠标事件的焦点。然而，使用键盘的时候，只是按下按键并不会让窗口接收到那些按键事件；turtle.listen()命令确保海龟窗口处于桌面的焦点中，以便它能够监听按键事件。其次，listen()命令告诉计算机开始处理我们使用onkeypress()函数连接到函数的所有那些按键的按键事件。如下是完整的ArrowDraw.py程序。

ArrowDraw.py

```
  import turtle
  t = turtle.Pen()
  t.speed(0)
❶ t.turtlesize(2,2,2)
  def up():
      t.forward(50)
  def left():
      t.left(90)
  def right():
      t.right(90)
  turtle.onkeypress(up, "Up")
  turtle.onkeypress(left, "Left")
  turtle.onkeypress(right, "Right")
  turtle.listen()
```

在❶处，这是ArrowDraw.py中唯一的新行，我们使用t.turtlesize(2,2,2)让海龟箭头变为原来两倍那么大并且使用更粗的线条。3个参数分别是水平拉升（2意味着变为原来的两倍宽）、垂直拉升（2倍高）以及线条粗细（2像素粗）。图7-5展示了结果。

这个App有点像老式的神奇画板玩具：你只需要使用那3个键，就可以绘制有趣的形状，而且你可以退回绘制步骤。你可以使用自己的颜色、钢笔宽度以及想要添加的任何功能，来自由地定制这个App。你可以添加一项额外的功能，也可以作为本章末尾的一个编程挑战给出，那就是通过点击将海龟移动到一个新的位置的功能。想象一些新的功能并进行尝试，这是学会新技术的最好方法。

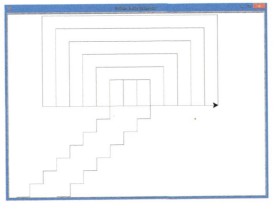

图 7-5　ArrowDraw.py 程序允许用户使用向上箭头键、向右箭头键和向左箭头键进行绘制（较大的海龟箭头使得更容易看到海龟所朝向的方向）

7.4.3　用参数处理事件——ClickSpiral

在 TurtleDraw.py 中，我们告诉 turtle.onscreenclick() 监听器，任何时候，只要用户点击屏幕，就调用 t.setpos 函数，允许用户通过点击来绘制。让我们构建一个名为 ClickSpiral.py 的新的程序，它将在用户点击的任何地方绘制螺旋线，如图 7-6 所示。

图 7-6　使用 ClickSpiral.py 绘制的一个笑脸

onscreenclick() 监听器把每次鼠标点击的 x 和 y 坐标作为参数传递给我们指

定的回调函数。当我们想要用自己的函数处理鼠标点击事件的时候，直接编写一个函数，让它接受鼠标点击的 x 和 y 坐标作为一对参数即可。

RandomSpiralsFunction.py 包含了一个名为 random_spiral() 的函数，它会在屏幕上的随机位置绘制螺旋线。然而现在，我们想让螺旋线出现在用户点击鼠标的地方，而不是在随机的位置。为了做到这一点，我们可以重新编写 random_spiral() 函数，让它接受两个参数，即来自 turtle.onscreenclick() 监听器的 x 和 y。我们将这个函数重新命名为 spiral(x,y)。

```python
def spiral(x,y):
    t.pencolor(random.choice(colors))
    size = random.randint(10,40)
    t.penup()
    t.setpos(x,y)
    t.pendown()
    for m in range(size):
        t.forward(m*2)
        t.left(91)
```

在这个新的 spiral(x,y) 函数中，我们修改函数的定义来反映出新的函数名以及我们将要接受的两个参数，也就是绘制所选择的位置。我们仍将为每一个螺旋线选择一个随机的颜色和大小，但是，也将会删除生产随机的 x 和 y 的两行代码，因为我们将获取来自 onscreenclick() 监听器的 x 和 y 作为参数。和 random_spiral() 函数一样，我们将钢笔移动到正确的 (x, y) 位置并且开始绘制螺旋线。

剩下的唯一步骤就是设置海龟窗口和颜色列表，然后告诉 turtle.onscreenclick() 监听器，任何时候，只要用户在绘制窗口上点击鼠标按钮，就调用该螺旋线函数。如下是完整的程序代码。

ClickSpiral.py

```python
import random
import turtle
t = turtle.Pen()
t.speed(0)
turtle.bgcolor("black")
colors = ["red", "yellow", "blue", "green", "orange", "purple",
          "white", "gray"]
def spiral(x,y):
    t.pencolor(random.choice(colors))
    size = random.randint(10,40)
    t.penup()
    t.setpos(x,y)
    t.pendown()
    for m in range(size):
        t.forward(m*2)
```

```
        t.left(91)
❶ turtle.onscreenclick(spiral)
```

和在 TurtleDraw.py 中一样，在 ❶ 处，我们省略了回调函数 turtle.onscreenclick (spiral) 的圆括号和参数，来告诉程序每次用户在屏幕上点击鼠标的时候，它应该调用 spiral(x,y) 函数，而事件监听器会自动地发送两个参数（点击的位置的 x 坐标和 y 坐标）给 spiral 回调函数。在 TurtleDraw.py 中，对于 t.setpos 回调函数来说，也发生了同样的事情；但是这一次，我们创建了自己的回调函数，以随机的颜色和大小在鼠标点击的位置绘制一个螺旋线。

7.4.4　更进一步——ClickandSmile

让我们再做一处修改，以扩展这个交互式的 App。假设我们想要在用户通过鼠标在绘制屏幕上点击的位置绘制一张笑脸，而不是一条螺旋线。代码看上去会和 RandomSmileys.py 程序有很多相似之处，但是，这个程序将会通过在用户选择的位置绘制笑脸来处理鼠标点击事件，用户愿意点击多少次，它就绘制多少次；而不是用一个循环在屏幕的随机位置绘制 50 个笑脸。

实际上，由于 draw_smiley() 函数已经接受两个参数（我们想要绘制笑脸的位置的 x 坐标和 y 坐标），ClickAndSmile.py 的代码和 RandomSmileys.py 基本相同，只有最后一部分不一样，只是使用一个 turtle.onscreenclick(draw_smiley) 调用替换了绘制 50 个随机笑脸的 for 循环。还记得 turtle.onscreenclick() 函数是如何允许传入一个函数名来作为鼠标点击的事件处理程序的吗？我们可以将 draw_smiley 传递给它，以便当用户点击鼠标的时候，draw_smiley 函数就在点击的位置完成工作。在传递给 rtle.onscreenclick() 的时候，我们并没有包含 draw_smiley 的圆括号以及圆括号中的任何参数。

ClickAndSmile.py

```python
import random
import turtle
t = turtle.Pen()
t.speed(0)
t.hideturtle()
turtle.bgcolor("black")
def draw_smiley(x,y):
    t.penup()
    t.setpos(x,y)
    t.pendown()
    # Face
    t.pencolor("yellow")
    t.fillcolor("yellow")
```

```
    t.begin_fill()
    t.circle(50)
    t.end_fill()
    # Left eye
    t.setpos(x-15, y+60)
    t.fillcolor("blue")
    t.begin_fill()
    t.circle(10)
    t.end_fill()
    # Right eye
    t.setpos(x+15, y+60)
    t.begin_fill()
    t.circle(10)
    t.end_fill()
    # Mouth
    t.setpos(x-25, y+40)
    t.pencolor("black")
    t.width(10)
    t.goto(x-10, y+20)
    t.goto(x+10, y+20)
    t.goto(x+25, y+40)
    t.width(1)
turtle.onscreenclick(draw_smiley)
```

　　现在，用户可以在点击鼠标的任何地方绘制一个笑脸，而不是将随机的笑脸画满整个屏幕；它们甚至可以绘制为由很多小的笑脸组成的一个大的笑脸，如图7-7所示。

图7-7　我们已经使笑脸程序更具有可交互性从而在用户点击的任何位置进行绘制

　　不管你想要构建什么样的App，可能都要依赖于用户的交互来驱动体验。考虑一下你玩得最多的游戏或其他App，它们都有一个共同点，就是你对于发生什么以及何时发生具有一定的控制权。不管是你挥动球棒去击球，按下鼠标按键或触摸、拖动以点燃空气中的物体，或者是点击、滑动或轻按以清除整个屏幕，你都在生成用户事件，而且你所喜爱的程序会通过做一些很酷的事情来处理这些事件。让我们再来构建一个交互式 App 作为练习，就来构建一个想要每天都玩的那种 App 吧。

7.5　ClickKaleidoscope

我们将创建函数的能力和处理交互式点击的能力组合起来，创建一个交互式的万花筒。用户能够在屏幕上的任何位置点击并且将会从用户点击的位置开始，绘制随机形状和颜色的 4 条反射的螺旋线。结果和前面的 Kaleidoscope.py 程序类似，但是，用户将能够使用这个万花筒程序来创建属于自己的独特的样式。

7.5.1　draw_kaleido() 函数

我们来讨论一下构建一个定制的万花筒程序所面临的挑战。我们知道要允许用户点击屏幕，从而开始绘制过程，因此，将使用 7.4 节中介绍的 turtle. onscreenclick() 函数。我们知道该函数将给出屏幕上的一个 (x, y) 位置，可供回调函数使用它。同时，我们可以回过头去看看最初的万花筒程序，就明白所要做的是在 (x, y), $(-x, y)$, $(-x, -y)$ 和 $(x, -y)$ 这 4 个点中的每一个点都绘制一条螺旋线，以实现想要的反射效果。

这 4 条反射的螺旋线中的每一条都应该具有相同的颜色和大小，这样才能创建镜面反射的效果。我们将调用 draw_kaleido() 函数，其定义如下。

```
❶ def draw_kaleido(x,y):
❷     t.pencolor(random.choice(colors))
❸     size = random.randint(10,40)
      draw_spiral(x,y, size)
      draw_spiral(-x,y, size)
      draw_spiral(-x,-y, size)
      draw_spiral(x,-y, size)
```

在 ❶ 处，我们将函数命名为 draw_kaleido，并且让它接受两个参数，x 和 y，这两个参数来自于 turtle.onscreenclick() 事件处理程序，从而我们的 4 条反射的螺旋线将会从用户点击的鼠标的 (x, y) 位置开始。然后，在 ❷ 处，从一组常用的颜色列表 colors 中，为 4 条反射的螺旋线随机地选择一种作为钢笔颜色。

在 ❸ 处，我们为所有 4 条反射的螺旋线选取一个随机的大小并将其存储到 size 中。最后，我们在 (x, y), $(-x, y)$, $(-x, -y)$ 和 $(x, -y)$ 等位置绘制出所有的 4 条螺旋线，这要用到一个新的函数 draw_spiral()，我们现在还没有真正编写该函数。

7.5.2　draw_spiral() 函数

draw_spiral() 函数需要在屏幕上的一个定制的位置（x, y）绘制一条螺旋线。一旦设置了海龟钢笔的颜色，Python 将会记住它，因此，我们不需要在把这个信息作为参数传递给 draw_spiral() 函数，但是确实需要（x, y）位置以及想要绘制的螺旋线的 size。因此，我们需要定义 draw_spiral() 函数接受 3 个参数。

```
def draw_spiral(x,y, size):
    t.penup()
    t.setpos(x,y)
    t.pendown()
    for m in range(size):
        t.forward(m*2)
        t.left(92)
```

这个函数接受 3 个参数，包括开始绘制每条螺旋线的位置的 x 和 y 坐标以及参数 size，后者表示要绘制的螺旋线有多大。在函数中，我们将海龟钢笔抬起，以便移动钢笔的时候不会留下痕迹，然后将钢笔移动到给定的（x, y）位置，将钢笔重新放下以准备好绘制螺旋线。for 循环将把 m 的值从 0 迭代到 size，绘制出一边的长度达到该大小的一个正方形螺旋线。

在程序中，除了导入 random 和 turtle 以及设置屏幕和颜色列表，我们所做的所有事情就是告诉计算机监听在海龟屏幕上的点击并且当点击事件发生的时候调用 draw_kaleido() 函数。我们可以使用 turtle.onscreenclick(draw_kaleido) 命令来做到这一点。

7.5.3　整合

以下是完整的 ClickKaleidoscope.py 程序，可以在 IDLE 中录入它，或者从

http:// www.nostarch.com/teachkids/下载并运行它。

ClickKaleidoscope.py

```python
import random
import turtle
t = turtle.Pen()
t.speed(0)
t.hideturtle()
turtle.bgcolor("black")
colors = ["red", "yellow", "blue", "green", "orange", "purple",
          "white", "gray"]
def draw_kaleido(x,y):
    t.pencolor(random.choice(colors))
    size = random.randint(10,40)
    draw_spiral(x,y, size)
    draw_spiral(-x,y, size)
    draw_spiral(-x,-y, size)
    draw_spiral(x,-y, size)
def draw_spiral(x,y, size):
    t.penup()
    t.setpos(x,y)
    t.pendown()
    for m in range(size):
        t.forward(m*2)
        t.left(92)
turtle.onscreenclick(draw_kaleido)
```

首先是常规的 import 语句，然后我们设置海龟环境和颜色列表。接下来，定义 draw_kaleido() 函数，然后定义 draw_spiral() 函数并且告诉计算机监听海龟屏幕上的点击，当点击事件发生的时候调用 draw_kaleido()。现在，只要用户在绘制窗口的某个位置点击，那里都会绘制出一条螺旋线，而且通过 x 轴和 y 轴反射出一共 4 条具有相同的随机形状和大小的螺旋线。

这个结果是螺旋线万花筒程序的一个完全可交互的版本，允许用户通过在屏幕上想要出现螺旋线的地方点击，从而控制反射的样式。图 7-8 给出了运行该程序所产生的螺旋线反射样式的一个示例。

尝试你自己的样式（就像你第一次尝试一样）并且给结果做屏幕截图（在 Windows 中，按下 Alt 和 print screen 键复制海龟窗口并且将其粘贴到 Word 中或你喜欢的绘图程序中。在 Mac 上，按住 command 键（[⌘]）、Shift 和 4 键，然后按下空格键，点击海龟绘图窗口将桌面的图片保存为 Screenshot <date and time>.png）。将最好的屏幕截图发送到 Twitter 上并 @brysonpayne，加上 #kidscodebook 标签，我会尽量回复你。

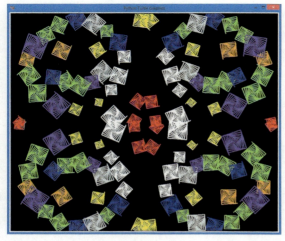

图 7-8　使用交互式的万花筒程序可以创建想要的任何反射样式

7.6　本章小结

在本章中，我们学习了如何把可重用的代码段组织到函数中，在程序中的任何地方调用自己的函数，将信息当作参数传递给这些函数以及将信息以返回值的形式从函数中取回。我们编写了自己的第 1 个事件驱动的程序，告诉计算机监听鼠标点击和按键事件，还学习了如何编写自己的回调函数以响应用户事件。

我们开发了第 1 个完全的交互式程序。使用在本章中学到的技能，你已经能够开始编写甚至较为高级的 App 了。我们通常所使用的 App 可以通过对点击、触摸、按键等作出响应，给用户一种控制程序的体验。

在掌握了本章中的概念之后，你应该能够做以下的事情：

- 使用函数使得代码更加可重用；
- 将代码组织和分组到函数中；
- 在 Python 中使用关键字 def 定义函数；
- 在自己编写的程序中调用自己的函数；
- 定义和使用接受参数作为输入值的函数；
- 编写在调用的时候能够返回值的函数；
- 将数学公式转换为能够返回值的一个函数；
- 说明事件驱动程序的一些特征；
- 使用事件处理程序编写一个基本的事件驱动 App；

- 编写一个能够接受鼠标点击并在屏幕上进行绘制的 App；
- 编写针对按键事件的事件处理程序；
- 编写接受参数的事件处理函数；
- 使用屏幕上的 x 和 y 坐标来绘制特定的样式，例如万花筒样式。

7.7　编程挑战

这里有 3 个挑战难题来练习我们在本章中所学习的知识（如果遇到困难，访问 http://www.nostarch.com/teachkids/ 寻找示例解答）。

#1：镜面反射的笑脸

我们创建 ClickAndSmile.py 程序和 ClickKaleidoscope.py 程序的一个混搭，当点击屏幕的时候，在屏幕的 4 个镜面反射角落中绘制一个笑脸，就像万花筒程序对螺旋线所做的事情一样。如果想要有一个高级的挑战，我们绘制两个上下折叠的笑脸，以便它们看上去真的像经过了 x 轴的镜面反射。

#2：更多的乒乓计算

我们修改乒乓计算器，以便让用户输入一个乒乓球的数目。程序告诉用户这些乒乓球堆在一起将会有多高以及一共有多重。

#3：更好的绘制程序

我们修改 ArrowDraw.py 程序，以允许用户以较小的增量来旋转海龟，如 45°（甚至是 30° 或 15°），以便用户能够更加精细地控制海龟。然后，我们添加更多的按键选项，例如，允许用户按下大于符号（>），以使得绘制的长度更加长、按下小于符号（<）缩短绘制的长度、按下 W 键使得钢笔变粗、按下 T 键使得钢笔变细。我们要使它成为更好的绘制程序，同时在每一次修改之后可以在屏幕上绘制字符串的形式来反馈，例如，显示钢笔粗细、线段长度以及海龟方向。

最后，我们添加通过点击来重新设置海龟位置的功能（提示，创建这样一个函数，它接受两个参数（x, y），抬起海龟钢笔，移动到（x, y）后将海龟钢笔放下，然后，将这个函数的名称传递给 turtle.onscreenclick() 以完成该 App）。

第8章
定时器和动画

　　在青少年时代，我学习编程的一种方式是编写简短的游戏和动画，然后，修改代码做一些新的事情。当我能够立即看到自己的代码在屏幕上生成图片的时候，我感到很吃惊，我想你一定会和我一样。

游戏和动画有一些共同点。首先，它们都很有趣！其次，它们都涉及在屏幕上绘制图形并且随着时间的推移修改这些图形以产生移动的错觉。在本书开始的时候，我们已经能够绘制图形了，但是，Turtle 库太慢了以至于无法用于大量的动画或移动对象。在本章中，我们将安装并使用一个新的模块 Pygame，它允许我们使用目前为止已经学习的技能，来进行绘制、实现动画甚至创建街机风格的游戏。

8.1　获取 Pygame 的所有 GUI

图形化用户界面（Graphical User Interface，GUI）包括了你在计算机屏幕上所见到的所有的按钮、图标、菜单和窗口；而这正是我们和计算机交互的方式。当你拖拽一个文件或点击一个图标来打开一个程序的时候，就在使用 GUI。在游戏中，当你按下按键、移动鼠标或点击的时候，之所以能够期望发生某些事情（例如奔跑、跳跃、旋转视图等），唯一的原因就是程序安装了 GUI。

和 Turtle 库一样，Pygame 也是非常可视化的，是游戏、动画等 GUI 的完美选择。它几乎对于每种操作系统都是可移植的，从 Windows 到 Mac，到 Linux 以及其他的操作系统，因此，在 Pygame 中创建的游戏和程序能够在相当多的计算机上运行。图 8-1 展示了 Pygame 的 Web 站点，我们可以从那里下载 Pygame。

图 8-1　Pygame 是免费的并且其 Web 站点上的教程和示例游戏也是免费的

要开始使用，我们先要从 http://www.pygame.org/ 的 Downloads 页面下载安装程序来安装 pygame 模块。对于 Windows 来说，我们可能需要下载 pygame-1.9.1.win32-py3.1.msi，如果在下载安装的过程中遇到困难的话，本书的附录 B

能够提供帮助。对于Mac和Linux，安装更为复杂一些，参见附录B或者访问http://www.nostarch.com/teachkids/ 可以获取安装步骤的说明。

我们可以通过在Python shell中输入如下命令来检查Pygame是否正确地安装了。

```
>>> import pygame
```

如果得到了常规的"＞＞＞"提示符作为回应，那么我们知道Python能够正确地找到pygame模块并且可以使用它。

8.1.1　用 Pygame 画一个点

一旦安装了Pygame，我们可以运行一个简短的示例程序在屏幕上画一个点，如图8-2所示。

图 8-2　运行 ShowDot.py 程序的结果

我们在一个新的IDLE窗口中输入如下代码，或者从http://www.nostarch.com/teachkids/下载它。

ShowDot.py

```
  import pygame
❶ pygame.init()
❷ screen = pygame.display.set_mode([800,600])

❸ keep_going = True
❹ GREEN = (0,255,0)      # RGB color triplet for GREEN
  radius = 50
```

```
❺   while keep_going:
❻       for event in pygame.event.get():
❼           if event.type == pygame.QUIT:
                keep_going = False
❽       pygame.draw.circle(screen, GREEN, (100,100), radius)
❾       pygame.display.update()

❿ pygame.quit()
```

让我们一行一行地浏览下这个程序。首先，我们导入了pygame模块以便使用其功能。在❶处，我们初始化了Pygame，或者说设置好它以供使用。每次想要使用Pygame的时候，我们都要调用pygame.init()，而且它总是出现在import pygame命令之后而在任何其他的Pygame函数之前。

在❷处，pygame.display.set_mode([800,600])创建了一个宽800像素高600像素的显示窗口，我们将其存储在名为screen的变量中。在Pygame中，窗口和图形称为Surface并且显示Surface screen是绘制所有其他图形的主要窗口。

在❸处，我们可能认得出循环变量keep_going，在第6章中的HighCard.py和FiveDice.py的游戏循环中，我们将其用做一个布尔类型的标志来告诉程序持续运行。这里，在Pygame示例中，我们使用一个游戏循环来持续绘制图形屏幕，直到用户关闭窗口位置。

在❹处，我们设置了两个变量GREEN和radius用于绘制圆。GREE变量用于设置RGB三色值（0,255,0），这是一个明亮的绿色（RGB表示Red Green Blue，是指定颜色的众多方式之一。要选取一种颜色，我们就选择3个数字，每个数都是从0到255。第1个数确定了颜色中的红色有多少，第2个数确定了其中绿色的量，第3个数是蓝色。我们为绿色选取的值是255，为红色和蓝色选择的值是0，因此，这个RGB颜色是全绿色的而没有红色和蓝色）。GREEN变量是一个常量。有时候，我们将常量（也就是不会有意修改的量）写成全部大写。由于颜色应该在整个程序中都是保持一致的，我们对GREEN全部使用大写。我们将radius变量设置为50个像素，从而得到一个直径为100像素的圆。

❺处的while循环是游戏循环，它将持续运行Pygame窗口，直到用户选择退出。❻处的for循环就是处理用户能够在程序中触发的所有交互事件的地方。在这个示例程序中，我们要检查的唯一事件，就是用户是否点击了红色的"X"来关闭窗口并退出程序（在❼处）。如果是这样的话，keep_going变为False，游戏循环结束。

在❽处，我们在屏幕窗口上（100,100）的位置绘制一个半径为50的圆，这个位置在窗口的左上角偏右和偏下100个像素的位置（参见8.1.2节介绍

Pygame的坐标系统和Turtle的坐标系统有何不同，来了解更多信息）。我们将使用pygame.draw，这是用来绘制诸如圆、矩形、线段等形状的一个Pygame模块。我们给pygame.draw.circle()函数传递4个参数，分别是：想要将圆绘制在哪一个surface上（screen）、圆的颜色（GREEN）、圆心的坐标以及半径。位于❾处的update()函数告诉Pygame用绘制修改来刷新屏幕。

最后，当用户退出游戏循环的时候，❿处的pygame.quit()命令清除pygame模块（它会撤销在❶处所做的所有设置）并且关闭screen窗口，以便程序能够正常退出。

当我们运行ShowDot.py的时候，应该会看到如图8-2所示的图像。我们花一些时间来玩一下这个画一个点的程序，创建不同的RGB颜色，在屏幕上不同的位置绘制点，或者绘制另外一个点。我们将看到使用Pygame绘图的强大力量和容易之处，并且会发现其中充满了乐趣。

这第1个程序包含了一些基础，我们将在这个基础上创建更加复杂的图形、动画并且最终来创建游戏。

8.1.2 Pygame中的新内容

在开始深入Pygame令人激动的世界之前，我们需要先来介绍一下Pygame和我们的老朋友海龟绘图之间的区别。

- 我们有一个新的坐标系统，如图8-3所示。回到海龟作图中，原点位于屏幕的中心并且越向屏幕上方，y坐标越大。Pygame使用一种更加常见的面向窗口的坐标系统（我们在很多GUI编程语言中都见到过这

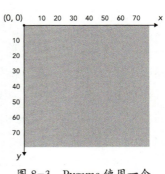

图8-3　Pygame使用一个面向窗口的坐标系统

种系统，包括Java、C++等）。Pygame窗口的左上角是原点（0, 0）。随着我们向右移动，x坐标还是变得越来越大（但是，x坐标没有负值，因为负值在左边的屏幕之外了）；随着向下移动，y坐标的值逐渐增加（而且y坐标的负值在窗口之外的上方）。

- Pygame中总是使用游戏循环。在前面的程序中，我们只有想要保持运行或者是返回来重复再做一些事情的时候，才会使用循环。但是，Pygame需要游戏循环持续更新屏幕并处理事件（即便我们所处理的唯一的事件只是关闭窗口）。

- 在Pygame中，我们通过调用pygame.event.get()来获取用户执行的事件的一个列表，从而处理事件。这些事件可能是鼠标点击、按下按键或者甚至是像用户关闭窗口这样的窗口事件。我们使用一个for循环来处理pygame.event.get()返回的事件列表中的所有内容。在海龟程序中，我们使用回调函数来处理事件。在Pygame中，我们仍然可以创建函数并在事件处理程序的代码中调用它们，但是，我们只要针对想要监听的那些事件使用if语句就可以处理事件。

这些区别使得Pygame有了一种新的方式来解决问题，而且这正是我们一直寻找的方式。所拥有的工具越多，我们所能解决的问题就越多。

8.1.3　游戏的部分

在本节中，我们将修改ShowDot.py程序以显示一个笑脸图像而不是一个绿色的圆，如图8-4所示。

图8-4　ShowDot.py 在屏幕上绘制图像 CrazySmile.bmp

在构建自己的ShowPic.py程序的过程中，我们将学习Pygame中的一款游戏或动画的3个主要的部分。首先是设置过程，在这里，我们导入所需要的模块，创建屏幕并且初始化一些重要的变量。然后是游戏循环，它将处理事件、绘制图形并且更新显示。这个游戏循环是一个while循环，只要用户没有退出程序，它就持续运行。最后，当用户停止程序的时候，我们需要有一种方式来结束程序。

设置

首先，我们下载笑脸图像并将其保存到与我们的Python程序相同的目录下。我们访问http://www.nostarch.com/teachkids/获取源代码并把图像文件CrazySmile.bmp保存到我们的.py文件所在的目录下。将.py文件保存在什么位置并不重要，只要我们确保将BMP（bitmap的缩写，这是一种常见的图像文件格式）图像文件保存到相同的位置。

接下来，我们来进行设置。

```
import pygame          # Setup
pygame.init()
screen = pygame.display.set_mode([800,600])
keep_going = True
❶ pic = pygame.image.load("CrazySmile.bmp")
```

和往常一样，我们导入pygame模块，然后使用pygame.init()函数初始化它。接下来，将screen设置为一个新的大小为800像素×600像素的Pygame窗口。我们创建了布尔类型的标志变量keep_going来控制游戏循环并将其设置为True。最后，我们做一些新的事情，在❶处，使用pygame.image.load()从一个文件来载入图像。我们为图像文件创建一个变量并且加载CrazySmile.bmp，在程序中通过pic来引用它。

创建游戏循环

此时，我们还没有绘制任何内容，但是已经设置好了Pygame并且加载了图像。游戏循环是真正将笑脸图像显示到屏幕上的地方。这也是处理来自用户的事件的地方。让我们从处理一个重要的事件开始，即用户选择退出游戏。

```
  while keep_going:        # Game loop
      for event in pygame.event.get():
❶         if event.type == pygame.QUIT:
              keep_going = False
```

只要keep_going为True，游戏循环就会持续运行。在循环中，我们立即检查来自用户的事件。在高级游戏中，用户可能同时触发多个事件，例如，在键盘上按下向下箭头键的同时，将鼠标向左移动并滚动鼠标滚轮。

在这个简单的程序中，我们监听的唯一的事件就是用户是否点击了关闭窗口按钮来退出程序。我们在❶处检查它。如果用户试图关闭窗口而触发了pygame.QUIT事件，我们就要告诉游戏循环退出，通过将keep_going设置为False来做到这一点。

我们仍然需要将图片绘制到屏幕上并且更新绘制窗口，以确保所有内容都出现在屏幕之上，因此，需要给游戏循环添加最后两行代码。

```
screen.blit(pic, (100,100))
pygame.display.update()
```

blit()方法将pic，也就是从硬盘加载的图像（笑脸），绘制到显示界面（即screen）上。当我们想要将像素从一个界面（例如，从硬盘加载的图像）复制到另一个界面（例如，绘制窗口）之上的时候，就使用blit()。这里我们需要使用blit()，是因为pygame.image.load()函数与前面绘制绿色点的程序中所用到的pygame.draw.circle()函数的工作方式不同。所有的pygame.draw函数

都接受一个界面作为参数，因此，通过将screen传递给pygame.draw.circle()，我们就能够让pygame.draw.circle()绘制到显示窗口。但是，pygame.image.load()函数并不接受一个界面作为参数，相反，它自动为图像创建一个新的、单独的界面。除非使用blit()，否则，图像并不会出现在最初的绘制屏幕上。在这个例子中，我们告诉blit()想要将pic绘制到位置（100,100），也就是屏幕左上角向右100像素且向下100像素的位置（在Pygame的坐标系统中，原点位于左上角，参见图8-3）。

游戏循环的最后一行代码是调用pygame.display.update()。这条命令告诉Pygame，将执行这个循环时所做的所有修改都显示到绘制窗口上。这也包括笑脸。当update()运行的时候，窗口将更新，以便将所有修改都显示到screen界面上。

到目前为止，我们已经完成了设置代码并且有了一个游戏循环，其中带有一个事件处理程序，它监听用户对关闭窗口按钮的点击。如果用户点击了关闭窗口按钮，程序会更新显示并退出循环。接下来，我们将负责程序的终止。

退出程序

一旦用户选择停止程序循环，代码的最后一个部分就会退出程序。

```
pygame.quit()        # Exit
```

如果程序中漏掉了这一行，那么即使在用户尝试关闭显示窗口的时候，窗口还是会保持打开。调用pygame.quit()会关闭显示窗口并且释放存储图像（pic）所占用的内存。

整合

将这些整合起来，我们就会看到CrazySmile.bmp图像文件，只要将该图像存储在和ShowPic.py程序文件相同的目录下。如下是完整的程序代码。

ShowPic.py

```
import pygame        # Setup
pygame.init()
screen = pygame.display.set_mode([800,600])
keep_going = True
pic = pygame.image.load("CrazySmile.bmp")
while keep_going:    # Game loop
    for event in pygame.event.get():
        if event.type == pygame.QUIT:
            keep_going = False
    screen.blit(pic, (100,100))
    pygame.display.update()

pygame.quit()        # Exit
```

当你点击了关闭窗口按钮的时候，显示窗口应该会关闭。

这段代码有很多基本的部分，在此之上进行构建可以让程序更加具有可交互性。在本章剩下的部分以及第9章中，我们将给游戏循环添加代码，以响应不同的事件（例如，当用户移动鼠标的时候，让屏幕上的图像移动）。现在，我们来看看如何创建一个程序来绘制一个动画的、弹跳的球。

8.2 时间刚刚好——移动和弹跳

通过对ShowPic.py App做一个小的修改，我们已经掌握了创建动画（或移动的错觉）所需的技能。如果我们在每一帧中要对笑脸的位置略作改变，而不是在每次通过游戏循环的时候都在固定的位置显示一幅笑脸图像，该怎么办呢？这里要提到帧（frame），我们的意思是每次通过游戏循环。这个术语源自于人们制作动画的一种方式：他们绘制数千幅单个的图片，让每一幅图片和前面的一幅略微不同。一幅图片作为一帧。然后，动画设计师将所有的图片都一起放到一条胶片上并让胶片在放映机之前通过。当图片以很快的速度一幅一幅地显示的时候，看上去就像是图片中的角色在移动。

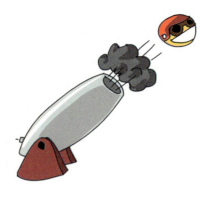

使用计算机，我们能够通过在屏幕上绘制图片、清除屏幕、略微地移动图片，然后再次绘制，从而创建相同的效果。这一效果看上去如图8-5所示。

图8-5　在这个初次尝试的动画中笑脸将会在整个屏幕上留下一条轨迹

我们仍然将每一次绘制叫作帧（frame），将动画的速度称为每秒绘制多少帧（frames per second，fps）。在美国，老式的、标准清晰度的TV以30fps的速度运行，很多胶片放映机的速率是24fps（新的高清晰度的数字放映机可以以60fps或更高的速度运行）。

如果曾经玩过或看过翻书的动画（动画中我们在一个笔记本的每一页边角上绘画，然后快速地翻动图书以创建一个小动画），我们就曾看到过可以以各种不同的帧速率来造成动画的错觉。我们的目标是60fps的速率，即足够快以至于能够创建平滑的动画。

8.2.1　移动笑脸

我们可以随着时间在不同的位置绘制笑脸图像，从而在while循环中创建简单的动画。换句话说，在游戏循环中，我们只需要更新图片的(x, y)位置，然后每次执行循环的时候在新的位置绘制图片。我们给ShowPic.py添加两个变量，picx和picy，表示图像在屏幕上的x坐标和y坐标。我们将在程序的设置部分的末尾添加这些，然后将新的程序版本保存为SmileyMove.py（这也是后面给出的最终版本）。

```
import pygame            # Setup
pygame.init()
❶ screen = pygame.display.set_mode([600,600])
keep_going = True
pic = pygame.image.load("CrazySmile.bmp")
❷ colorkey = pic.get_at((0,0))
❸ pic.set_colorkey(colorkey)
picx = 0
picy = 0
```

注意　❷和❸处的代码行，是对一个小问题的可选的修复。如果Crazy Smile.bmp图像看上去好像在屏幕上有一个方形的黑色边角的话，我们可以包含这两行代码，以确保那些角看上去是透明的。

我们还将窗口的大小修改为600像素×600像素（在❶处），以使窗口变为正方形。游戏循环将按照和在ShowPic.py中相同的方式开始，但是，我们要添加代码，在每次循环运行的时候将picx和picy变量修改1个像素。

```
while keep_going:       # Game loop
    for event in pygame.event.get():
        if event.type == pygame.QUIT:
            keep_going = False

    picx += 1           # Move the picture
    picy += 1
```

"+="操作符将一些内容添加到了等号左边的变量中（picx和picy），因此，通过"+= 1"，我们告诉计算机要在每次通过循环的时候将图片的x坐标和y坐标（picx和picy）修改一个像素。

最后，我们需要将图像复制到屏幕上的新位置，更新显示并且告诉程序怎么退出。

```
    screen.blit(pic, (picx, picy))
    pygame.display.update()
pygame.quit()           # Exit
```

如果运行这些代码行，我们将会看到图像移动。实际上，我们必须足够快才能看到，因为它会一直向右移动离开屏幕。我们再看一眼图8-5，这是笑脸在移动出视图之前的一瞬间。

这个第1个版本可能会在显示屏幕上留下像素的一个轨迹，即使笑脸图像离开绘制窗口的时候，轨迹还存在。我们可以通过在每一帧之间清除屏幕，从而使得动画更为整齐。在笑脸背后看到的轨迹线，是笑脸图像的左上角的像素；每次随着每一帧向下移动来绘制图像的一个新的版本并且更新显示，都会在背后留下上一张图片的偏离一些的像素。

我们可以给绘制循环添加一条screen.fill()命令来修正这个问题。screen.fill()命令接受一个颜色作为参数，因此，我们需要告诉它想要使用何种颜色来填充绘制屏幕。我们为BLACK添加一个变量（对BLACK全部使用大写，以显示这是一个常量）并且将其设置为等于黑色的RGB颜色值，即（0,0,0）。我们将使用黑色像素来填充屏幕界面，以有效地清除它，然后再绘制动画图像的每一个新的、移动的副本。

在picy = 0之后，我们要添加这一行代码进行设置，从而创建黑色的背景填充色。

```
BLACK = (0,0,0)
```

在将pic图像绘制到屏幕的screen.blit()之前，我们添加如下的代码行。

```
screen.fill(BLACK)
```

笑脸仍然快速离开屏幕，但是，这一次没有在移动的图像之后留下一条像素的轨迹。通过用黑色的像素填充屏幕，我们已经创建了这样的效果：从屏幕的每一帧都"擦除"旧的图像，然后再在新的位置绘制新的图像。这创建了平滑动画的错觉。然而，在一台运行速度相对较快的计算机上，笑脸还是会太快地离开屏幕。为了修改这一点，我们需要一个新的工具：一个定时器或时钟，能够使得我们保持稳定的、可以预计的帧速率。

8.2.2　用 Clock 类实现笑脸动画

要让SmileyMove.py App表现出类似我们在游戏或电影中看到过的动画，最后一部分就是限制程序每秒绘制多少帧。当前，每次通过游戏循环的时候，我们只是将笑脸图像向下移动1个像素并向右移动1个像素，但是，计算机可以更快地绘制这个简单的场景，它甚至可以每秒生成数百帧，这会导致笑脸瞬间飞出屏幕之外。

平滑的动画可能要保持每秒30～60帧的速率，因此，我们不需要每秒数百帧那么快。

　　Pygame有一个工具可以帮助我们控制动画的速度，这就是Clock类。类（class）就像一个可以用来创建某种类型的对象的模板，该类型带有函数和值，能够帮助那些对象按照某种方式行为。我们可以把类当作一个曲奇饼模子，把对象当作曲奇饼：当我们想要制作某种形状的曲奇饼的时候，先制作一个曲奇饼模子，任何时候，如果我们想要同一形状的另一块曲奇饼，都可以重复使用这个模子。同样的道理，函数帮助我们将可以重用的代码打包到一起，类允许我们将数据和函数打包到一个可以重用的模板中，在将来的程序中，我们可以使用这个模板来创建对象。

　　我们可以使用如下的一行代码，将Clock类的一个对象添加到程序中。

```
timer = pygame.time.Clock()
```

　　这就创建了一个名为timer变量，它和一个Clock对象联系到一起。timer将允许我们在每次通过循环的时候悄悄地暂停，等待足够长的时间，以确保每秒钟绘制不超过一定数目的帧。

　　我们在游戏循环中添加如下的一行代码，它会告诉名为timer的时钟每秒钟只"滴答"60次，从而使得帧速率保持在60fps。

```
timer.tick(60)
```

　　以下的SmileyMove.py的代码展示了整合到一起的完整的App。它给了我们一个平滑的、稳定的动画的笑脸，慢慢地滑出屏幕的右下方。

SmileyMove.py

```
import pygame                      # Setup
pygame.init()
screen = pygame.display.set_mode([600,600])
keep_going = True
pic = pygame.image.load("CrazySmile.bmp")
colorkey = pic.get_at((0,0))
pic.set_colorkey(colorkey)
picx = 0
picy = 0
BLACK = (0,0,0)
timer = pygame.time.Clock()  # Timer for animation

while keep_going:                # Game loop
    for event in pygame.event.get():
        if event.type == pygame.QUIT:
```

```
            keep_going = False

    picx += 1                    # Move the picture
    picy += 1

    screen.fill(BLACK)           # Clear screen
    screen.blit(pic, (picx,picy))
    pygame.display.update()
    timer.tick(60)               # Limit to 60 frames per second

pygame.quit()                    # Exit
```

　　仍旧存在的问题是笑脸仍会在几秒之内一路跑出屏幕之外。这并不是很好玩。让我们修改程序来将笑脸保持在屏幕之上，让它从一个角落弹跳到另一个角落。

8.2.3　将笑脸从墙上弹开

　　我们在每次经过循环的时候添加了从一帧到下一帧的移动，改变要绘制的图像的位置。我们看到如何通过添加一个Clock对象并告诉它每秒钟tick()多少次，来确定动画的速度。在本节中，我们来看看如何让笑脸保持在屏幕上。效果看上去如图8-6所示，笑脸好像是在绘制窗口的两个角落之间来回地弹跳。

图8-6　我们的目标是保持笑脸在屏幕的角落之间"弹跳"

　　图像之所以会跑到屏幕之外，是因为我们没有为动画设置边界（boundaries，或限制）。我们在屏幕上绘制的所有内容都是虚拟的（virtual），这意味着，在现实的世界中，它们并不存在，因此，这些内容并不会真的彼此碰到。如果想要让屏幕上的虚拟对象能够交互，我们必须用编程逻辑来创建这些交互。

碰到墙壁

当我们说想要笑脸从屏幕的边缘"弹跳"开的时候，我们的意思是说，当笑脸到达了屏幕边缘的时候，我们想要改变其移动的方向，以便看上去好像它从屏幕的实际边界弹跳开。为了做到这一点，我们需要测试笑脸的（picx, picy）位置是否到达了屏幕边缘的假想边界。我们称这个测试为碰撞检测（collision detection），因为它试图检查或留意何时会发生一次碰撞（collision），例如，笑脸图像"碰到"绘制窗口的边界。

我们知道可以使用if语句测试条件，通过检查pics是否大于某个值，就可以看到图像是否碰到了屏幕的右边界，或者说与其发生碰撞。

我们先来搞清楚这个值应该是多少。我们知道屏幕是600像素宽，因为在创建屏幕的时候，我们使用了pygame.display.set_mode([600, 600])。我们也可以使用600作为边界，但是那样的话，笑脸还是会跑到屏幕之外，因为坐标（picx, picy）是笑脸图像的左上角像素的位置。

要找到合乎逻辑的边界（也就是说，当picx碰到这条虚拟的线的时候，笑脸看上去好像是碰到了screen窗口的右边界），我们需要知道图像有多宽。

由于我们知道picx是图像的左上角并且它一直向右延续，我们可以将图片的宽度加上picx，当这个和等于600的时候，我们知道，图像的右边缘已经碰到了窗口的右边缘。

得到图像的宽度的一种方式是查看该文件的属性。在Windows中，鼠标右键点击CrazySmile.bmp文件，选择"Properties"菜单选项，然后点击"Details"标签。在"Mac"上，点击CrazySmile.bmp文件选择它，按下 ⌘ -I打开文件信息窗口，然后点击"More Info"，我们将会看到图片的宽度和高度信息，如图8-7所示。

CrazySmile.bmp文件的宽度为100像素（高也是100像素）。因此，如果screen当前是600像素宽并且pic图像需要100像素来显示完整的图像，picx必须停留在x方向上左边的500像素范围内。图8-8展示了这些计算。

Bounce 弹跳

但是，我们如果改变了图像文件或者想要处理不同宽度和高度的图像，该怎么办呢？好在，Pygame的pygame.image类中有一个方便的函数可供图片变量pic使用。pic.get_width()返回了变量pic中所存储的pygame.image的图像的宽度（以像素为单位）。我们可以使用这个函数，而不是在程序中直接编程以至于只能够处理宽度为100像素的图像。类似的，pic.get_height()给出了pic中存储的图像的高度（以像素为单位）。

我们可以使用如下的语句，来测试图像pic是否跑到了屏幕的右边界之外。

```
if picx + pic.get_width() > 600:
```

换句话说，如果图片的起始的x坐标加上图片的宽度，比屏幕的宽度还要大，我们知道，图片超出了屏幕的右边界，我们可以改变图像移动的方向。

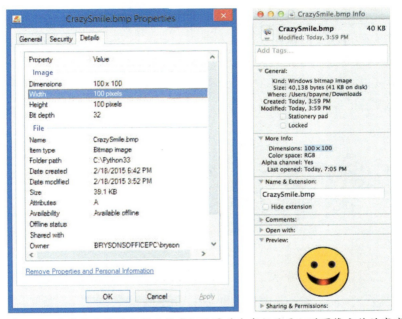

图 8-7　要确定笑脸开始弹跳的虚拟边界首先我们需要知道图像文件的宽度

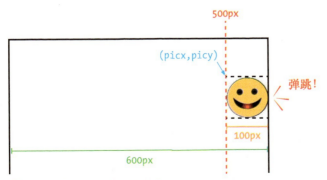

图 8-8　根据窗口右边缘计算

改变方向

从屏幕的边界"弹跳"开，意味着在碰到了边界之后，朝着相反的方向移动。图像移动的方向，是通过更新picx和picy来控制的。在较早的SmileyMove.py中，每次执行while循环的时候，我们只是使用如下代码行给picx和picy增加1个像素。

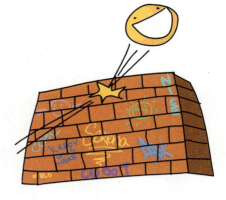

```
picx += 1
picy += 1
```

然而，这些代码行使得图像每次向右和向下移动1个像素，没有"弹跳"或者方向的改变，因为我们并没有改变给picx和picy增加的数值。这两行代码意味着我们保证以每一帧1个像素的速度向右和向下移动图片，在每一帧中都是如此，即使笑脸已经离开了屏幕。

我们可以把这个常量1修改为表示速度（speed）的一个变量，也就是图像在每一帧中应该移动的像素数。速度是在一段时间中移动的量。例如，以较高的速度移动的汽车能够在很短的时间内移动很远，而一只蜗牛在同样的时间段内则以很低的速度移动。在程序的设置部分中，我们可以定义一个名为speed的变量，来表示想要在每一帧中移动的像素的数量。

```
speed = 5
```

然后，我们在游戏循环中必须做的，只是在每一次执行循环的时候，用新的speed变量（而不是常量1）来修改picx和picy。

```
picx += speed
picy += speed
```

在SmileyMove.py程序中，对于每秒60帧的速度来说，1帧移动1个像素有点太慢了，因此，我们将速度增加到5，使其移动得快一些，但是还是没有从屏幕的右边界弹回，只是更快地移动到屏幕之外，因为当碰到屏幕的右边界的时候，speed变量并没有改变。

我们可以通过增加碰撞检测逻辑来解决最后这个问题，也就是说，检测看看是否碰到了屏幕的左边和右边的假想的边界。

```
if picx <= 0 or picx + pic.get_width() >= 600:
    speed = -speed
```

首先，我们通过查看picx是否试图在一个负的x坐标值上绘制（当$x < 0$的时候，已经离开了左边屏幕），或者picx + pic.get_width()之和是否大于屏幕的600像素的宽度（意味着图像的起始x坐标加上其宽度已经超出了屏幕的右边界），从而检查屏幕的左边界和右边界。如果这两种情况中的任何一种出现，我们知道已经跑得太远了，需要修改移动的方向。

当我们进行的两个边界测试中有任何一个为True的时候，注意一下需要使用的技巧。通过设置speed = −speed，我们在while循环中将speed乘以−1，或者说让它成为自己的负值，从而修改移动的方向。我们可以按照这种方式来思考，如果保持speed等于5来进行循环，直到picx加上图像的宽度碰到了位于600像素的屏幕右边界（picx + pic.get_width() >= 600），那么设置speed = −speed将会把speed从5修改为−5。随后，在下一次循环时候，无论我们何时修改picx和picy，都会给当前位置增加−5。这相当于从picx和picy中减去5，或者说朝着屏幕的左边和上边移动。如果这么做有效，笑脸现在将会从屏幕的右下角弹跳回来并且开始向后退，一直到达屏幕的左上角（0，0）的位置。

但是，这还没有结束！因为if语句还检查了左侧屏幕边界（picx <= 0），当笑脸看上去已经碰到了屏幕的左边缘，它会再次将speed修改为−speed。如果speed是−5，它会将其修改为−(−5)或+5。因此，如果负的speed变量导致笑脸在每一帧中向左边和上边移动5个像素的话，一旦picx <= 0而碰到了屏幕的左边界，speed = −speed又将会把speed变回为5并且笑脸将会再次开始向右和向下移动，即沿着x和y的正方向。

整合

我们尝试一下这个App的1.0版本SmileyBounce1.py，看看笑脸从窗口的左上角弹跳到右下角然后再次弹跳回来，但绝不会离开绘制屏幕。

SmileyBounce1.py

```
import pygame          # Setup
pygame.init()
screen = pygame.display.set_mode([600,600])
keep_going = True
pic = pygame.image.load("CrazySmile.bmp")
colorkey = pic.get_at((0,0))
pic.set_colorkey(colorkey)
picx = 0
picy = 0
BLACK = (0,0,0)
timer = pygame.time.Clock()
speed = 5

while keep_going:     # Game loop
    for event in pygame.event.get():
        if event.type == pygame.QUIT:
            keep_going = False
    picx += speed
    picy += speed

    if picx <= 0 or picx + pic.get_width() >= 600:
        speed = -speed

    screen.fill(BLACK)
    screen.blit(pic, (picx,picy))
    pygame.display.update()
    timer.tick(60)

pygame.quit()         # Exit
```

通过这个程序的第1个版本，我们创建了一个看上去平滑的动画，一个笑脸在正方形的绘制窗口的两个角落之间来回弹跳。我们能够精确地实现这一效果，是因为窗口是一个标准的正方形，大小为 600×600，而且我们总是以相同的量（speed）来修改 picx 和 picy 的值，笑脸只是在 $x = y$ 的对角线上移动。通过将图像保持在这一简单的路径之上，我们只需要检查 picx 是否超过了屏幕的左边缘和右边缘的边界值。

如果我们想要在屏幕所有4个边界（上下左右）弹回，并且窗口不是一个标准的正方形，假设是 800×600 像素，那该怎么办呢？我们需要添加一些逻辑来检查 picy 变量，看看它是否超过了上边界或下边界（屏幕的顶部和底部），同时还需要分别记录水平速度和垂直速度。我们下面就来这么做。

8.2.4 在四面墙上弹回笑脸

在 SmileyBounce1.py 中，我们保持水平移动（左右移动）和垂直移动（上下移动）锁定一致，这样，无论何时图像向右移动，它也都会向下移动，而且当它向左移动的时候，它就会向上移动。对于正方形的窗口来说，这工作得很好，因为屏幕的宽度和高度都是相同的。我们来构建一个示例，创建一个在绘制窗口的4个边上都会逼真地弹回的弹跳动画。我们使用 screen = pygame.display.set_mode([800,600]) 将窗口的大小设置为 800×600 像素，以使得动画更加有趣。

水平速度和垂直速度

首先，我们来区分一下速度在水平方向和垂直方向上的分量。换句话说，我们创建一个速度变量 speedx 表示水平方向上的速度（图像向右或向左移动地得有多快），用另一个速度变量 speedy，表示垂直方向上的速度（图像向上或向下移动得有多快）。我们可以通过在 App 的设置部分修改 speed = 5 来初始化一个 speedx 和 speedy，如下所示。

```
speedx = 5
speedy = 5
```

在游戏循环中，我们可以修改图像位置的更新。

```
picx += speedx
picy += speedy
```

我们将 picx（水平位置或 x 位置）修改 speedx（水平速度）那么多，将 picy（垂直位置或 y 位置）修改 speedy（垂直速度）那么多。

碰撞四面墙

最后一部分是搞清楚屏幕的4个边中每一边的碰撞检测的边界（除了左右，还有上下）。首先，我们修改左右边界以匹配新的屏幕大小（800像素的宽度）并且使用新的水平速度 speedx。

```
if picx <= 0 or picx + pic.get_width() >= 800:
    speedx = -speedx
```

注意，左边缘边界的情况保持相同，还是 picx <= 0，因为当 picx 位于屏幕左边的时候，0 仍然是左边的边界值。然而这一次，右边缘边界的情况变为 picx + pic.get_width() >= 800，因为屏幕现在是 800 像素的宽度，图像仍然从 picx 开始，向右绘制其完整的长度。因此，当 picx + pic.get_width() 等于 800 的时候，笑脸看上去碰到了绘制窗口的右边缘。

我们稍微修改一下左边界和右边界所触发的行为，从 speed = −speed 修改为 speedx = −speedx。现在有了两个速度分量，同时 speedx 将控制左右方向的速度（speedx 的负值将会把笑脸向左移动，而正值将会向右移动）。因此，当笑脸碰到了屏幕的右边界的时候，我们将speedx变为负值，使图像开始向左后退，同样当它碰到了屏幕的左边界的时候，我们将speedx再变回为一个正值，使得图像重新开始向右移动。

让我们对picy做同样的事情。

```
if picy <= 0 or picy + pic.get_height() >= 600:
    speedy = -speedy
```

要测试笑脸是否已经碰到了屏幕的顶部，我们使用picy <= 0，这类似于针对屏幕左边缘的picx <= 0。要搞清楚笑脸是否碰到了屏幕的底部，我们需要知道绘制窗口的高度（600像素）以及图像的高度（pic.get_height()），同时需要看看图像的上边缘picy，加上图像的高度pic.get_height()，其和是否超过了屏幕的高度600像素。

如果picy跑到了上边界或下边界之外，我们需要修改垂直速度的方向（speedy = –speedy）。这使得笑脸看上去好像是从窗口下边界弹回并继续朝上移动，或者从上边界弹回后继续向下移动。

整合

当把整个程序一起放入到SmileyBounce2.py中，我们就得到了一个逼真的、弹跳的球的效果，只要运行这个App，笑脸能够从屏幕的所有4个边弹跳回去。

SmileyBounce2.py

```
import pygame           # Setup
pygame.init()
screen = pygame.display.set_mode([800,600])
keep_going = True
pic = pygame.image.load("CrazySmile.bmp")
colorkey = pic.get_at((0,0))
pic.set_colorkey(colorkey)
picx = 0
picy = 0
BLACK = (0,0,0)
timer = pygame.time.Clock()
speedx = 5
speedy = 5

while keep_going:      # Game loop
    for event in pygame.event.get():
        if event.type == pygame.QUIT:
```

```
            keep_going = False
    picx += speedx
    picy += speedy

    if picx <= 0 or picx + pic.get_width() >= 800:
        speedx = -speedx
    if picy <= 0 or picy + pic.get_height() >= 600:
        speedy = -speedy

    screen.fill(BLACK)
    screen.blit(pic, (picx, picy))
    pygame.display.update()
    timer.tick(60)

pygame.quit()              # Exit
```

这个弹跳看上去很逼真。如果笑脸以45度角向下和向右的方式到达底部边界，它会沿着向上和向右45度角的方向弹起。我们可以用不同的speedx和speedy值来体验一下（例如，3和5，或者7和4），看看每次弹跳的角度变化。

为了好玩，我们可以尝试注释掉SmileyBounce2.py中的screen.fill(BLACK)，看看笑脸从屏幕上的每一个边界弹回时所经过的路径。当要注释掉一行的时候，我们通过在该行的开头处放置一个井号，将这一行变为注释，如下所示。

```
# screen.fill(BLACK)
```

这告诉程序忽略掉该行的这一条指令。现在，在每次绘制笑脸之后，屏幕不会擦除。我们会看到一种在动画的后面留下痕迹的样式，如图8-9所示。由于每一个新的笑脸都绘制在之前的笑脸之上的，结果看上去很酷，就像是在绘制一种老式的3D屏幕保护图片。

图8-9　将每一帧之后清除屏幕的代码行注释掉后笑脸将会留下一个很酷的样式的弹跳痕迹

碰撞检测逻辑允许我们创建出真实的笑脸在真实绘制屏幕的4个边上弹回的动画。这是最初版本的一个改进，最初的版本只能够让笑脸消失而被人们遗忘。当我们要创建的游戏允许用户和屏幕上的对象交互并使这些对象看上去好像是在彼此交互（就像Teris游戏一样），这时候，我们就要用到和这里所构建的相同的碰撞检测和边界检测。

8.3　本章小结

在本章中，我们学习了如何随着时间的推移在屏幕上的不同位置绘制图像以创建动画。我们看到了Pygame模块如何使编写游戏或动画更快，因为它拥有数百个函数，能够很容易地做到游戏App中几乎所有的事情，从绘制图像到创建基于定时器的动画，甚至是碰撞检测。我们在计算机上安装了Pygame，以便能使用其功能创建自己的、有趣的App。我们学习了可以用Pygame构建的一款游戏或App的结构，包括一个设置部分，一个处理事件、更新和绘制图像然后更新显示的游戏循环以及最后的一个退出部分。

我们通过在屏幕上选定的位置绘制一个简单的、绿色的点，开始了Pygame编程，但是很快我们可以将硬盘上的保存在和程序相同目录下的一幅图片，绘制到屏幕之上。我们了解了Pygame拥有一个和Turtle库不同的坐标系统，其原点（0,0）位于屏幕的左上角并且向下移动的时候y坐标的值为正值。

我们还学习了如何通过将对象绘制于屏幕上、清除屏幕，然后在一个略微不同的位置绘制该对象来创建动画。我们看到pygame.time.Clock()对象能够限制每秒钟绘制动画的次数，从而使得动画更平稳，这个速率叫作帧速率（fps）。

我们构建了自己的碰撞检测来检查对象和屏幕的边缘的"碰撞"，然后添加了逻辑，通过修改对象的速度或速率变量的方向（将其和 –1 相乘）来改变对象的方向，使它们看上去好像是弹回来一样。

通过编写本章中很酷的App，我们应该能过做以下这些事情：

- 安装pygame模块并且在自己的程序中使用它；
- 说明一个Pygame App的结构（包括设置、游戏循环和退出）；
- 构建一个游戏循环来处理事件、更新和绘制图形以及更新显示；
- 使用pygame.draw函数将图形绘制到屏幕；
- 使用pygame.image.load()从硬盘加载图像；
- 使用blit()函数将图像和对象绘制到屏幕；

- 通过在屏幕上不同的位置重复绘制对象来创建动画；
- 使用pygame.time.Clock()定时器的tick()函数限制动画中每秒的帧数使得动画更加平滑、清晰和可预期；
- 构建if逻辑来检测边界情况来做出碰撞检测（例如，一个图形碰撞到屏幕边界的情况）；
- 通过修改从一帧到下一帧在x和y方向上的移动量从而控制对象在屏幕上水平移动和垂直移动的速度。

8.4 编程挑战

这里有3个挑战难题来供我们练习在本章中所学习的知识（如果遇到困难，访问http://www.nostarch.com/teachkids/寻找示例解答）。

#1：颜色变化的点

让我们来进一步探讨RGB颜色组合。我们在本章中使用了一些RGB颜色，记住，绿色是（0,255,0），黑色是（0,0,0），等等。我们可以在http://colorschemer. com/online/链接里输入0 ~ 255的不同的红色、绿色和蓝色值，看看通过组合屏幕上的像素的、不同的红色、绿色和蓝色光的量所创建的颜色。首先我们选择自己的颜色来用于ShowDot.py程序。然后，我们修改程序以在屏幕上的不同位置绘制较大一点或较小一点的点。最后，尝试针对3个颜色分量中的每一个使用random.randint(0,255)，来创建一个随机的RGB颜色（记住，在程序的开始处使用import random），以便每次在屏幕上绘制的时候，点都会改变颜色。程序的效果是一个颜色变化的点。我们将新的程序命名为DiscoDot.py。

#2：100 个随机点

作为第2个挑战，让我们用100个随机的颜色、大小和位置的点来替换单个的点。为了做到这一点，我们要设置3个数组，每个数组能存储100个值，分别用于表示每一个点的颜色、位置和大小。

```
# Colors, locations, sizes arrays for 100 random dots
colors = [0]*100
locations = [0]*100
sizes = [0]*100
```

然后，用随机值填充RGB颜色、位置对以及大小/半径值，以用于100个随机的点。

```
import random
# Store random values in colors, locations, sizes
for n in range(100):
    colors[n] = (random.randint(0,255),random.randint(0,255),
                 random.randint(0,255))
    locations[n] = (random.randint(0,800),
                    random.randint(0,600))
    sizes[n] = random.randint(10, 100)
```

最后，我们添加一个for循环，使用colors、locations和sizes数组来绘制100个随机的点，而不是在while循环中绘制一个点。

```
for n in range(100):
    pygame.draw.circle(screen, colors[n], locations[n],
                       sizes[n])
```

我们将新程序命名为RandomDots.py。最终的App完成的时候如图8-10所示。

图 8-10　点程序的一个高级版本 RandomDots.py（它能生成 100 个随机的颜色、位置和大小的点）

#3：雨点

最后，我们将RandomDots.py再改进一步，编写出落出到屏幕右下方以外然后又不断从屏幕左上方再次出现的"雨点"。在本章中，我们已经学习了随着时间来修改一个对象的位置从而创建动画。我们将每个雨点的位置存储在一个locations数组中，因此，如果修改每个点的x和y坐标，就可以实现点的动画。我们修改RandomDots.py中的for循环，根据前一个值来计算每个点的新的x和y坐标。

```
for n in range(100):
    pygame.draw.circle(screen, colors[n], locations[n],
                       sizes[n])
    new_x = locations[n][0] + 1
    new_y = locations[n][1] + 1
    locations[n] = (new_x, new_y)
```

这一修改会在每次经过游戏循环的时候针对每个点计算新的x和y坐标（new_x和new_y），但是，它允许点落出屏幕的右下方。我们检查是否每个点的new_x或new_y已经超出了屏幕的右边缘或下边缘，如果是这样的话，在存储新的位置之前，将点重新移回到上方或左方，来修正这一点。

```
if new_x > 800:
    new_x -= 800
if new_y > 600:
    new_y -= 600
locations[n] = (new_x, new_y)
```

这一修改的组合效果是，随机的雨点总是落向下方和右方，从屏幕的右下方消失，然后再次从左上边出现。图8-11展示了按照顺序依次出现的4帧，我们可以看到成组的点在3幅图中依次向下和向右移动。我们将这个新的App保存为RainingDots.py。

图8-11　4帧展示了100个随机的点向屏幕的右方和下方移动

第9章
用户交互——进入游戏

在第 8 章中，我们使用了一些 Pygame 库的功能在屏幕上绘制形状和图像。我们还能够随着时间流逝在不同的位置绘制图形来创建动画。遗憾的是，我们还不能像在游戏中那样和动画对象进行交互，我们期望能够在游戏运行的时候，通过点击、拖动、移动、按下或弹起屏幕上的对象，来影响和控制这些元素。

交互式程序给了我们在 App 和游戏中进行控制的感觉，因为我们可以移动程序中的一个角色或对象，或者与其交互。这正是本章中要学习的内容，我们将使用 Pygame 的功能来处理来自鼠标的用户交互并且让程序变得对用户更具有交互性和更有参与感。

9.1　增加交互——点击和拖动

让我们开发两个允许用户在屏幕上交互地拖动的程序，来添加用户交互。首先，我们在 Pygame 的基础上构建例如处理鼠标按钮点击这样的事件并且允许用户在屏幕上拖动点。然后，我们添加逻辑来分别处理鼠标按钮按下和释放，允许用户拖动鼠标并按下鼠标按钮进行绘制，就像一个绘图程序一样。

9.1.1　点击点

我们将使用和 ShowPic.py 中相同的步骤来构建 ClickDots.py 程序，即设置、游戏循环和退出。请特别留意游戏循环中的事件处理部分，我们将在那里添加 if 语句以处理鼠标点击。

设置

如下是几行设置代码。首先我们开始一个新的文件并将其保存为 ClickDots.py（最终的程序在后面给出）。

```
import pygame                              # Setup
pygame.init()
screen = pygame.display.set_mode([800,600])
pygame.display.set_caption("Click to draw")
```

设置部分和往常一样，我们从 import pygame 和 pygame.init() 开始，然后创建了一个 screen 对象作为绘制窗口显示。然而这一次，我们使用 pygame.display.set_caption() 给窗口添加了一个标题（title 或 caption）。这个标题让用户知道这个程序是什么。传递给 set_caption() 的参数是一个字符串，表示出现在窗口的标题栏上的文本，如图 9-1 的顶部所示。

接下来我们设置过程的其他部分，创建游戏循环变量 keep_going，设置一个颜色常量（在这个程序中我们将用红色进行绘制）并且为绘制的点设置了一个半径。

```
keep_going = True
RED = (255,0,0)                            # RGB color triplet for RED
radius = 15
```

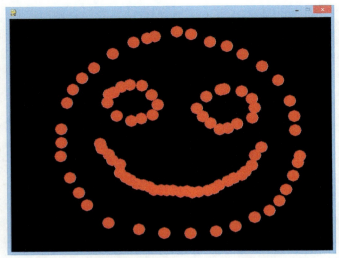

图 9-1 ClickDots.py 顶部的标题栏告诉用户 "Click to draw"

现在我们来看游戏循环部分。

游戏循环——处理鼠标点击

在游戏循环中，我们需要告诉程序什么时候停止以及如何处理鼠标按钮按下。

```
while keep_going:                          # Game loop
    for event in pygame.event.get():       # Handling events
❶       if event.type == pygame.QUIT:
            keep_going = False
❷       if event.type == pygame.MOUSEBUTTONDOWN:
❸           spot = event.pos
❹           pygame.draw.circle(screen, RED, spot, radius)
```

在❶处，我们通过将循环keep_going变量设置为False，处理pygame.QUIT事件。

❷处的第2条if语句处理一种新的事件类型，即pygame.MOUSEBUT TONDOWN事件，该事件告诉我们用户按下了鼠标按钮之一。无论何时，当用户按下一个鼠标按钮，这个事件将会出现在程序从pygame.event.get()获取的事件列表之中，而且我们可以使用一条if语句来检测该事件并告诉程序当这个事件发生的时候该做什么。

在❸处，我们创建一个名为spot的变量来保存鼠标位置的x和y坐标。我们可以使用event.pos来获取鼠标点击事件的位置，event是for循环中的当前事件。if语句只是验证这个特定的事件的类型是pygame.MOUSEBUTTONDOWN并且鼠标事件有一个pos属性（在这个例子中是event.pos）存储了（x, y）坐标对，它告诉我们这一事件发生在何处。

一旦我们知道了用户在屏幕上点击鼠标按钮的位置，在❹处，告诉程序在screen surface上绘制一个填充的圆，使用在设置部分给出的RED颜色，圆心的位置在spot，radius是在设置部分设定的15。

整合

剩下需要做的唯一的事情，就是更新显示并告诉程序在退出的时候做些什么。如下是ClickDots.py的完整程序。

ClickDots.py

```
import pygame                                 # Setup
pygame.init()
screen = pygame.display.set_mode([800,600])
pygame.display.set_caption("Click to draw")
keep_going = True
RED = (255,0,0)                               # RGB color triplet for RED
radius = 15

while keep_going:                             # Game loop
    for event in pygame.event.get():          # Handling events
        if event.type == pygame.QUIT:
            keep_going = False
        if event.type == pygame.MOUSEBUTTONDOWN:
            spot = event.pos
            pygame.draw.circle(screen, RED, spot, radius)
    pygame.display.update()                   # Update display

pygame.quit()                                 # Exit
```

这个程序很简短，但是允许用户每次绘制一个点，如图9-1所示。如果想要在按下鼠标按钮的时候拖动鼠标以进行连续绘制，我们只需要再处理另外一种类型的鼠标事件pygame.MOUSEBUTTONUP就可以了。让我们来尝试一下。

9.1.2　拖动绘制

现在，让我们创建一个更加自然的绘制程序DragDots.py，它允许用户点击并拖动来平滑地绘制，就像是使用笔刷一样。我们将得到一个平滑的、可交互的绘制App，如图9-2所示。

图 9-2　DragDots.py 程序以充满乐趣的方式进行绘制

要创建这种效果，我们需要修改程序的逻辑。在 ClickDots.py 中，我们只是在鼠标按钮点击事件的位置绘制了一个圆，以此来处理 MOUSEBUTTONDOWN 事件。要连续地绘制，我们需要识别 MOUSEBUTTONDOWN 和 MOUSEBUTTONUP 这两个事件。换句话说，我们想要将点击鼠标按钮区分为按下（press）和释放（release），以便能够知道什么时候是鼠标拖动（在按下的同时），而什么时候只是移动而按钮没有按下。

做到这一点的一种方式是，使用另一个布尔类型的标志变量。当用户按下鼠标按钮的时候，我们可以将一个名为 mousedown 的布尔变量设置为 True，而当用户释放了鼠标按钮的时候，将其设置为 False。在游戏循环中，如果鼠标按钮按下（换句话说，当 mousedown 为 True 的时候），我们可以获取鼠标的

位置并在屏幕上绘制一个圆。如果程序足够快，绘制应该是平滑的，就像是一个笔刷App中一样。

设置

代码的设置部分如下所示。

```
import pygame                                    # Setup
pygame.init()
screen = pygame.display.set_mode([800,600])
❶ pygame.display.set_caption("Click and drag to draw")
keep_going = True
❷ YELLOW = (255,255,0)                           # RGB color triplet for YELLOW
radius = 15
❸ mousedown = False
```

这个设置部分和ClickDots.py中的很相似，只不过我们在❶处使用了不同的窗口标题，在❷处将使用YELLOW进行绘制，而且❸处的最后一行也不同。布尔变量mousedown将会是标志变量，告诉程序鼠标按钮按下。

接下来，我们给游戏循环添加事件处理程序。如果用户保持按下鼠标的话，这些事件处理程序将会把mousedown设置为True，否则的话，将其设置为False。

游戏循环——处理鼠标按下和释放

游戏循环的代码如下所示。

```
while keep_going:                               # Game loop
    for event in pygame.event.get():            # Handling events
        if event.type == pygame.QUIT:
            keep_going = False
❶       if event.type == pygame.MOUSEBUTTONDOWN:
❷           mousedown = True
❸       if event.type == pygame.MOUSEBUTTONUP:
❹           mousedown = False
❺   if mousedown:                               # Draw/update graphics
❻       spot = pygame.mouse.get_pos()
❼       pygame.draw.circle(screen, YELLOW, spot, radius)
❽   pygame.display.update()                     # Update display
```

这个游戏循环和其他Pygame App的游戏循环开始一样，只是在❶处，当检查用户是否按下鼠标的一个按钮的时候，我们将mousedown变量设置为True（在❷处），而不是立即绘制。这是程序需要开始绘制的标志。

下面在❸处，if语句检查用户是否释放了鼠标按钮，如果是，❹处的代码行将会把mousedown修改回False。这将让游戏循环知道，当鼠标按钮释放的时候停止绘画。

在❺处，for循环结束（可以通过缩进看到这一点），同时通过检查鼠标按钮当前是否按下以继续游戏循环（也就是说，如果mousedown是True的话，就继续游戏循环）。如果鼠标按钮是按下的，鼠标当前被拖动，因此，我们允许用户在screen上绘制。

在❻处，我们使用spot = pygame.mouse.get_pos()直接获取鼠标的当前位置，而不是提取上一次点击的位置，因为我们想要在用户拖动鼠标的所有地方都绘制，而不只是在第一次按下鼠标的位置绘制。

在❼处，我们在screen surface上绘制当前的圆，通过YELLOW指定的颜色、在鼠标当前拖动的（x, y）位置（spot）绘制，圆的radius是在代码的设置部分所指定的15。最后，在❽处，我们使用pygame.display.update()更新显示窗口，从而完成游戏循环。

整合

最后一步是像往常一样使用pygame.quit()来结束游戏。如下是完整的程序。

DragDots.py

```
import pygame                              # Setup
pygame.init()
screen = pygame.display.set_mode([800,600])
pygame.display.set_caption("Click and drag to draw")
keep_going = True
YELLOW = (255,255,0)                       # RGB color triplet for YELLOW
radius = 15
mousedown = False

while keep_going:                          # Game loop
    for event in pygame.event.get():       # Handling events
        if event.type == pygame.QUIT:
            keep_going = False
        if event.type == pygame.MOUSEBUTTONDOWN:
            mousedown = True
        if event.type == pygame.MOUSEBUTTONUP:
            mousedown = False
    if mousedown:                          # Draw/update graphics
        spot = pygame.mouse.get_pos()
        pygame.draw.circle(screen, YELLOW, spot, radius)
    pygame.display.update()                # Update display

pygame.quit()                              # Exit
```

DragDots.py App很快并且响应性很好，几乎让我们感到是在用连续的笔刷绘制，而不是用一系列的点绘制；我们必须很快地拖动鼠标才能看到分别绘制的点。Pygame允许我们构建出比在前面几章中使用海龟作图所绘制的更快且更流畅的游戏和动画。

在每次执行保持App打开的while循环的时候，即便for循环处理了每一个事件，Pygame还是足够高效，可以每秒钟执行数十次甚至是上百次这样的操作。这就造成一个假象，好像每次移动和命令都会立即得到行动和响应，而这一点在构建动画和交互式游戏的时候很重要。Pygame能够应对这一挑战，当我们需要密集使用图形的时候，它是很好的选择。

9.2 高级交互——笑脸爆炸

我的学生和儿子喜欢构建的一种有趣的动画是SmileyBounce2.py的一个升级版本，叫作SmileyExplosion.py。它允许用户点击并拖动来创建数以百计的、随机大小的、弹跳的笑脸，在随机的方向上以随机的速度移动，从而将弹跳的笑脸程序带到了一个有趣的、新的层级。效果如图9-3所示。我们将一步一步的构建这个程序，并且在后面给出最终的版本。

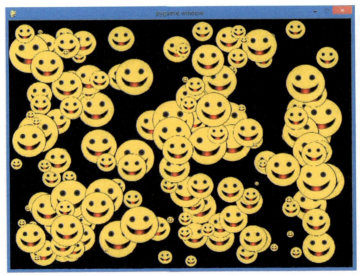

图9-3　我们接下来的 App 看上去像充满整个屏幕的弹跳笑脸气球大爆炸

正如所看到的，在任何给定的时间，我们将有数十个到上百个笑脸气球在整个屏幕上来回弹跳，因此，我们需要快速而平滑地绘制图形，才能达到每帧有数百个对象。为了做到这一点，我们要向工具箱中再添加一项工具，这就是精灵图形。

9.2.1 笑脸精灵

术语精灵（sprite）可以追溯到电子游戏的早期时代。在屏幕上移动的图形化对象叫作精灵，因为它们在背景之上飘移，就像它们的名称所代表的想象中的神话精灵。这些轻巧、快速的精灵图形，能够实现快速而平滑的动画，也使得电子游戏如此流行。

Pygame通过其pygame.sprite.Sprite类，包含了对精灵图形的支持。还记得吧，我们在第8章介绍过，类就像是一个模板，能够用来创建可重用的对象，每个对象都有自己的一组函数和属性。在SmileyMove.py中，我们使用了Clock类及其tick()方法，使动画变得平稳而可预期。在笑脸爆炸App中，我们使用了几个方便的Pygame类并且构建自己的一个类，以便每一个单个的笑脸在屏幕上移动的时候能够记录它。

类和对象的更多知识

在第8章中，我们介绍了类就像是曲奇饼模子，对象就像是使用特定的曲奇饼模子制作的曲奇饼。无论何时，当我们需要具有类似的功能和特征的数个物品的时候（例如，具有不同的大小和位置的、移动的笑脸图像），特别是需要每一项都包含不同的信息的时候（如每个笑脸的大小、位置和速度都不同），类都能够提供一个模板来创建我们想要的那么多个对象。我们说对象是一个特定的类的实例（instance）。

Pygame库有10多个可以重用的类并且每个类都有自己的方法（method，这是我们对类的函数的称呼）、属性（attribute）和数据（data），后者是在每个对象中存储的变量和值。在第8章中的Clock类中，tick()方法是让动画以一个特定帧速率运行的函数。对于这个App中飘移的笑脸精灵对象，我们关心的属性是每一个笑脸在屏幕上的位置、大小以及在x和y方向上移动的速度，因此，我们将创建一个带有这些属性的Smiley类。当需要一个可重用的模板的时候，我们可以创建自己的类。

将一个问题或程序分解为对象，然后构建创建这些对象的类，这是面向对象编程（object-oriented programming）的基础。面向对象编程就是使用对象来解决问题的一种方法。这是软件开发中最常用的方法，并且它之所以如此流行，原因之一就是代码重用的概念。可重用性（reusability）意味着，一旦针对一个编程项目编写了一个有用的类，我们通常可以在另一个程序中重用这个类而不是重新开始编写。例如，一个游戏公司可以编写一个 Card 类来表示一幅标准的扑克牌中的一张牌。随后，每次该公司编写一个新的游戏的时候，例如 Blackjack、War、Poker 和 Go Fish，它都可以重用这个 Card 类，通过在将来的 App 中使用相同的代码，省时又省钱。

Pygame 中的 Sprite 类就是一个很好的例子。Pygame 团队编写了这个 Sprite 类，包含在编写一个游戏对象（从一个向太空飞船奔跑的人物角色，到飘移的笑脸）的时候所需的很多功能。通过使用 Sprite 类，像我们这样的程序员不再需要编写所有的基本代码，如把一个对象绘制到屏幕上，检测对象何时与另一个对象发生碰撞等。Sprite 类为我们处理了很多这样的功能，而我们可以在此基础之上，专注于构建自己的 App 的独特的品质。

我们要使用的另一个方便好用的 Pygame 类是 Group 类。Group 是一个容器（container）类，允许我们将 Sprite 对象作为一组存储在一起。Group 类帮助我们将所有的精灵保存在一个地方（通过一个单个的 Group 对象来访问），而且当我们有几十个甚至可能有上百个精灵在屏幕上移动的时候，这一点很重要。Group 类还有方便的方法，可以更新一组中的所有的精灵（例如，在每一帧中将 Sprite 对象移动到每一个新的位置），添加新的 Sprite 对象，从 Group 中删除 Sprite 对象，等等。让我们看看如何使用这些类来构建笑脸爆炸 App。

使用类来构建 App

我们打算针对笑脸气球创建 Sprite 对象，利用 Sprite 类的属性来产生在屏幕上快速移动的动画，即便是有数百个精灵也可以在同一帧中快速移动。我们提到过，Pygame 还支持成组的精灵，可以作为一个集合全部绘制和处理，这种成组的精灵的类型是 pygame.sprite.Group()。让我们看看 App 的设置部分。

```python
import pygame
import random

BLACK = (0,0,0)
pygame.init()
screen = pygame.display.set_mode([800,600])
pygame.display.set_caption("Smiley Explosion")
mousedown = False
keep_going = True
clock = pygame.time.Clock()
pic = pygame.image.load("CrazySmile.bmp")
```

```
    colorkey = pic.get_at((0,0))
    pic.set_colorkey(colorkey)
❶ sprite_list = pygame.sprite.Group()
```

设置部分看上去和SmileyBounce2.py中很相似，但是，我们在❶处添加一个名为sprite_list的变量，它包含了成组的笑脸精灵。将精灵存储在一个Group中，将会使做下面这些事情更快和更容易：在每一帧中将所有的笑脸都绘制屏幕上，在动画的每一步之中移动所有的笑脸，甚至是检查笑脸精灵是否与对象碰撞或者彼此之间有碰撞。

要为复杂的动画和游戏创建精灵对象，我们创建自己的Sprite类，它扩展（extend）了Pygame的Sprite类（构建于其上），添加想要用于定制的精灵的变量和函数。我们将自己的精灵类命名为Smiley并且添加用于每个笑脸的位置的变量（pos）、笑脸的x速率和y速率（xvel和yvel，记住，velocity是表示速度的另一个单词）以及其缩放比例scale（即每个笑脸有多大）。

```
class Smiley(pygame.sprite.Sprite):
    pos = (0,0)
    xvel = 1
    yvel = 1
    scale = 100
```

我们的Smiley类定义以关键字class开始，后面跟着想要的类名以及要扩展的类型（pygame.sprite.Sprite）。

9.2.2　设置精灵

在开始编写Smiley类并创建了想要每个笑脸精灵对象记住的数据变量之后，下一步要做的就是初始化（initialization），有时候，这也叫作类的构造方法（constructor）。这是一个特殊的函数，每次在程序中要创建（或构造）Smiley类的一个新的对象的时候调用它。就像是初始化一个变量的时候给它一个初始值一样，Smiley类中的初始化函数（initialization function）__init__()将设置精灵对象中所需要的所有的初始值。__init__()函数名两边的两条下划线在Python中有特殊的含义。

在这个例子中，__init__()是用于初始化一个类的特殊的函数名。在这个

函数中，我们告诉Python应该如何初始化每一个Smiley对象，而且每次创建一个Smiley的时候，这个特殊的__init__()函数都会在幕后完成其工作，为每个Smiley对象设置变量以及做更多的事情。

在__init__()函数中我们有一些项需要设置。首先，我们要确定需要将哪些参数传递给__init__()函数。对于随机的笑脸，我们需要传入一个位置以及开始的 *x* 和 *y* 速度。由于Smiley是一个类并且所有的笑脸精灵都将是Smiley类型的对象，这个类中的所有函数的第1个参数将会是笑脸精灵对象自身。我们将这个参数标记为self，因为它把__init__()和其他的函数连接到该对象自己的数据。我们来看一下__init__()函数的代码。

```
    def __init__(self, pos, xvel, yvel):
❶       pygame.sprite.Sprite.__init__(self)
❷       self.image = pic
        self.rect = self.image.get_rect()
❸       self.pos = pos
❹       self.rect.x = pos[0] - self.scale/2
        self.rect.y = pos[1] - self.scale/2
❺       self.xvel = xvel
        self.yvel = yvel
```

__init__()函数的4个参数是对象自身self，我们想让笑脸显示的位置pos以及xvel和yvel，分别是水平速度值和垂直速度值。接下来，在❶处，我们调用主Sprite类的初始化函数，以便我们的对象可以利用精灵图形的属性，而不需要重新开始编写它们。在❷处，我们把精灵对象的图像（self.image）设置为从硬盘加载的pic图形（CrazySmile.bmp，我们需要确保该文件仍然和这个新的程序在同一目录下），同时我们得到包含这个100×100的图像的矩形的大小。

在❸处，语句self.pos = pos将传递给__init__()函数的位置存储到对象自己的pos变量中。然后，在❹处，我们把精灵的绘制矩形的 *x* 坐标和 *y* 坐标设置为pos中所存储的 *x* 坐标和 *y* 坐标，偏移图像大小的一半（self.scale/2）以便笑脸和用户用鼠标点击的位置居中对齐。最后，在❺处，我们将传递给__init__()函数的 *x* 速率和 *y* 速率存储到对象的xvel和yvel变量（self.xvel和self.yvel）中。

__init__()构造函数将设置在屏幕上绘制每个笑脸所需的一切内容，但是，它不会处理在屏幕上移动精灵所需的动画。为此，我们要给精灵添加另一个方便的函数update()。

9.2.3　更新精灵

精灵是为动画而构建的，而且我们已经介绍过，动画意味着在每一帧中更新图片的位置（每次经过游戏循环的时候）。Pygame精灵有一个内建的update()函数，我们可以覆盖（override）或定制（customize）这个函数，以使程序按照我们想要的定制精灵的方式行为。

update()函数真的很简单，在每一帧中，弹跳的笑脸精灵的唯一更新，就是根据每个精灵的速度来更改其位置并且检查看其是否与屏幕的边界产生碰撞。

```python
def update(self):
    self.rect.x += self.xvel
    self.rect.y += self.yvel
    if self.rect.x <= 0 or self.rect.x > screen.get_width() - self.scale:
        self.xvel = -self.xvel
    if self.rect.y <= 0 or self.rect.y > screen.get_height() - self.scale:
        self.yvel = -self.yvel
```

update()函数接受一个参数，也就是精灵对象自身self，而且移动精灵的代码看上去和SmileyBounce2.py中的动画代码很相似。唯一真正的区别是，我们用self.rect.x和self.rect.y来引用精灵的(x, y)位置，而以self.xvel和self.yvel引用x速率和y速率。对屏幕边界的碰撞检测，我们还利用了screen.get_width()和screen.get_height()，以便检测代码能够对任意大小的窗口都有效。

9.2.4　较大的和较小的笑脸

我们要给这个App的第一个版本添加的最后一项功能，是修改图像的缩放比例（或大小）。我们在__init__()函数中将self.image设置为pic之后，进行这一修改。首先，我们将对象的scale变量修改为10 ~ 100的一个随机数字（使得一个完成后的笑脸精灵的大小在10 × 10和100 × 100像素之间）。通过使用pygame.transform.scale()函数，我们将应用这一修改进行缩放，也叫作变换（transformation），如下所示。

```python
self.scale = random.randrange(10,100)
self.image = pygame.transform.scale(self.image, (self.scale,self.scale))
```

Pygame的transform.scale()函数接受一幅图像（笑脸图形self.image）和新的大小（新的随机的self.scale值作为变换后的图像的宽度和高度），而且它返回缩放的（偏上或偏下，较大或较小的）图像，我们将其存储为新的self.image。通过最后一项修改，我们现在应该能够使用Smiley精灵类将随机大小和速度的笑脸绘制到整个屏幕上，只要使用和DragDots.py绘制App类似的代码，加上少许的修改就可以了。

9.2.5 整合

完整的SmileyExplosion.py App代码如下。

SmileyExplosion.py

```python
import pygame
import random

BLACK = (0,0,0)
pygame.init()
screen = pygame.display.set_mode([800,600])
pygame.display.set_caption("Smiley Explosion")
mousedown = False
keep_going = True
clock = pygame.time.Clock()
pic = pygame.image.load("CrazySmile.bmp")
colorkey = pic.get_at((0,0))
pic.set_colorkey(colorkey)
sprite_list = pygame.sprite.Group()

class Smiley(pygame.sprite.Sprite):
    pos = (0,0)
    xvel = 1
    yvel = 1
    scale = 100

    def __init__(self, pos, xvel, yvel):
        pygame.sprite.Sprite.__init__(self)
        self.image = pic
        self.scale = random.randrange(10,100)
        self.image = pygame.transform.scale(self.image, (self.scale,self.
scale))
        self.rect = self.image.get_rect()
        self.pos = pos
        self.rect.x = pos[0] - self.scale/2
        self.rect.y = pos[1] - self.scale/2
        self.xvel = xvel
        self.yvel = yvel

    def update(self):
        self.rect.x += self.xvel
        self.rect.y += self.yvel
        if self.rect.x <= 0 or self.rect.x > screen.get_width() - self.
scale:
            self.xvel = -self.xvel
```

```
            if self.rect.y <= 0 or self.rect.y > screen.get_height() - self.
scale:
                self.yvel = -self.yvel

    while keep_going:
        for event in pygame.event.get():
            if event.type == pygame.QUIT:
                keep_going = False
            if event.type == pygame.MOUSEBUTTONDOWN:
                mousedown = True
            if event.type == pygame.MOUSEBUTTONUP:
                mousedown = False
        screen.fill(BLACK)
❶      sprite_list.update()
❷      sprite_list.draw(screen)
        clock.tick(60)
        pygame.display.update()
        if mousedown:
            speedx = random.randint(-5, 5)
            speedy = random.randint(-5, 5)
❸          newSmiley = Smiley(pygame.mouse.get_pos(),speedx,speedy)
❹          sprite_list.add(newSmiley)

    pygame.quit()
```

SmileyExplosion.py 中的游戏循环的代码和我们的 DragDots.py 绘制 App 中的游戏循环类似，只是做了几处显著的修改。在 ❶ 处，我们在 sprite_list 中所存储的笑脸精灵列表上调用了 update() 函数；这一行将会调用更新函数来移动屏幕上的每一个笑脸并检查边缘弹跳。类似的，❷ 处的代码将会在屏幕上把每一张笑脸都绘制到合适的位置。我们只需要两行代码，就实现了动画并且绘制了潜在的数百个精灵，这真是太省力了，而这只是 Pygame 中的精灵图形的一部分功能。

在 mousedown 绘制代码中，我们生成一个随机的 speedx 和 speedy，用于每一个新的笑脸的水平速度和垂直速度；在 ❸ 处，我们调用 Smiley 类的构建方法，创建一个新的笑脸 newSmiley。注意，任何时候，只要我们想要构造或者创建一个 Smiley 类或类型的新的对象，不必使用函数名 __init__()；相反地，使用类名 Smiley。我们把鼠标的位置以及刚刚创建的随机的速度传递给构造方法。最后，在 ❹ 处，我们接受新创建的笑脸精灵 newSmiley 并且将其添加到名为 sprite_list 的精灵组中。

这样我们就创建了一个快速的、流畅的、可交互的动画，其中有数十个甚至上百个笑脸精灵图形，像是不同大小的气球一样在屏幕上、以随机的速度、在各个方向上飘荡。在最后对该 App 的升级中，我们甚至将看到更加令人印象深刻和强大的精灵图像功能，它能处理碰撞检测。

9.3　SmileyPop 1.0 版

作为本章最后的一个示例，我们将给SmileyExplosion.py程序添加一项特别有趣的功能，即能够通过点击鼠标右键（或者在Mac上按下"control"键并点击），"弹破"笑脸气球。这个效果就像是点破气球游戏，或打蚂蚁、打地鼠等游戏。我们能够拖动鼠标左键来创建笑脸气球，通过在一个或多个笑脸精灵上点击鼠标右键弹破它们（即将它们从屏幕上删除）。

9.3.1　检测碰撞和删除精灵

好消息是，Pygame中的Sprite类带有内建的碰撞检测。我们可以使用pygame.sprite.collide_rect()函数来检查包含两个精灵的矩形是否有碰撞；使用collide_circle()来检测两个圆形的精灵是否有碰撞；而且，如果只是要检测一个精灵是否与单个的点（例如，用户点击鼠标位置的像素）有碰撞，可以使用精灵的rect.collidepoint()函数，检测精灵是否与屏幕上的该点重叠或碰撞。

如果确定了用户点击的一个点触碰到一个或多个精灵，我们可以调用remove()函数，从sprite_list组中删除每一个触碰到的精灵。我们可以在MOUSEBUTTONDOWN事件处理代码中弹破笑脸气球，从而处理所有的逻辑。要将SmileyExplosion.py转变为SmileyPop.py，我们只需要更改如下的两行代码。

```
if event.type == pygame.MOUSEBUTTONDOWN:
    mousedown = True
```

我们将它们替换为如下的7行代码。

```
    if event.type == pygame.MOUSEBUTTONDOWN:
❶       if pygame.mouse.get_pressed()[0]:          # Regular left mouse button, draw
            mousedown = True
❷       elif pygame.mouse.get_pressed()[2]:        # Right mouse button, pop
❸           pos = pygame.mouse.get_pos()
❹           clicked_smileys = [s for s in sprite_list if s.rect.collidepoint(pos)]
❺           sprite_list.remove(clicked_smileys)
```

MOUSEBUTTONDOWN的if语句保持不变，但是现在，我们感兴趣的是哪一个按钮被按下。在❶处，我们检查是否是鼠标左键按下（第1个按钮，其索引为[0]）；如果是这样，打开mousedown布尔标志，游戏循环将绘制新的笑脸。在❷处，我们看看是否鼠标右键被按下，开始检测鼠标是否在sprite_list中的一个或多个笑脸上点击。

首先，在❸处，我们获取鼠标的位置并将其存储到变量pos中。在❹处，我们使用一种编程快捷方式，生成与用户在pos处的点击重叠或碰撞的sprite_list中的精灵的列表。如果sprite_list组中的一个精灵s有一个矩形和点pos碰撞，我们将其分组到列表[s]中并将该列表存储为clicked_smileys。根据一个if条件从一个列表、集合或数组中创建另一个列表、集合或数组，这是Python的一项强大的功能，而且，这一功能使得这个App的代码变短了很多。

最后，在❺处，我们在名为sprite_list的精灵组上调用方便的remove()函数。这个remove()函数与Python常规的remove()函数不同，它会从一个列表或集合删除单个的项。pygame.sprite.Group.remove()函数将会从列表中删除任意多个精灵。在这个例子中，它将从sprite_list删除所有和用户在屏幕上点击的点发生碰撞的精灵。一旦从sprite_list删除了这些精灵，当游戏循环中将sprite_list绘制到屏幕上的时候，那些被点击的精灵就不会出现在该列表中，由此也不会被绘制。这样看上去好像它们消失了一样，或者说，我们已经像对气球或气泡一样把它们点破了。

9.3.2　整合

如下是完整的SmileyPop.py代码。

SmileyPop.py

```
import pygame
import random

BLACK = (0,0,0)
pygame.init()
screen = pygame.display.set_mode([800,600])
pygame.display.set_caption("Pop a Smiley")
mousedown = False
keep_going = True
clock = pygame.time.Clock()
pic = pygame.image.load("CrazySmile.bmp")
```

```
colorkey = pic.get_at((0,0))
pic.set_colorkey(colorkey)
sprite_list = pygame.sprite.Group()

class Smiley(pygame.sprite.Sprite):
    pos = (0,0)
    xvel = 1
    yvel = 1
    scale = 100

    def __init__(self, pos, xvel, yvel):
        pygame.sprite.Sprite.__init__(self)
        self.image = pic
        self.scale = random.randrange(10,100)
        self.image = pygame.transform.scale(self.image, (self.scale,self.scale))
        self.rect = self.image.get_rect()
        self.pos = pos
        self.rect.x = pos[0] - self.scale/2
        self.rect.y = pos[1] - self.scale/2
        self.xvel = xvel
        self.yvel = yvel

    def update(self):
        self.rect.x += self.xvel
        self.rect.y += self.yvel
        if self.rect.x <= 0 or self.rect.x > screen.get_width() - self.scale:
            self.xvel = -self.xvel
        if self.rect.y <= 0 or self.rect.y > screen.get_height() - self.scale:
            self.yvel = -self.yvel

while keep_going:
    for event in pygame.event.get():
        if event.type == pygame.QUIT:
            keep_going = False
        if event.type == pygame.MOUSEBUTTONDOWN:
            if pygame.mouse.get_pressed()[0]:    # Regular left mouse button, draw
                mousedown = True
            elif pygame.mouse.get_pressed()[2]: # Right mouse button, pop
                pos = pygame.mouse.get_pos()
                clicked_smileys = [s for s in sprite_list if s.rect.collidepoint(pos)]
                sprite_list.remove(clicked_smileys)
        if event.type == pygame.MOUSEBUTTONUP:
            mousedown = False
    screen.fill(BLACK)
    sprite_list.update()
    sprite_list.draw(screen)
    clock.tick(60)
    pygame.display.update()
    if mousedown:
        speedx = random.randint(-5, 5)
```

```
speedy = random.randint(-5, 5)
newSmiley = Smiley(pygame.mouse.get_pos(),speedx,speedy)
sprite_list.add(newSmiley)

pygame.quit()
```

　　还记得吧，我们必须把CrazySmile.bmp文件存储到相同的文件夹或目录下，代码才能使其生效。一旦完成了工作，程序将很有趣并且很好玩、很吸引人。在第10章中，我们将学习让游戏变得有趣的游戏设计要素，而且将从头开始构建一个完整的游戏。

9.4　本章小结

　　在本章中，我们将用户交互和动画组合起来，创建了屏幕上的笑脸爆炸效果，而且使用精灵图像很容易地生成数百个能够快速移动的笑脸图像。我们学习了如何构建自己的Sprite类，以便能够为精灵定制我们想要的功能和行为，包括数据变量、初始化函数和一个定制的更新函数。我们还学习了如何在Pygame中缩放图像，以便笑脸能够呈现出不同的形状和大小，同时学习了如何利用pygame.sprite.Group()的优点存储所有的精灵，以便快速地更新和绘制到屏幕上。

　　在最后的示例中，我们添加了基于精灵的碰撞检测，看看用户是否在一个和多个精灵上点击了鼠标右键。我们看到如何分别检测鼠标左键上的事件和鼠标右键上的事件。我们了解了Python具有强大的功能，能够根据一个if条件从列表中选取出项，同时我们看到如何使用remove()函数从一个Group中删除精灵。

　　我们在本章中创建了有趣的App，这就是最终完成的SmileyPop App，在第10章中，我们将让它更像是一款游戏。Pygame给了我们编写令人惊讶的游戏所需的最终的技能。

　　通过编写本章中很酷的App，我们具备了完成以下事项的技能：

- 通过定制pygame.sprite.Sprite()类使用精灵图像；
- 使用pygame.sprite.Group()及其函数访问、修改、更新并绘制精灵的列表；
- 通过应用pygame.trasform.scale()函数以像素为单位增加或减小图像大小来变换一幅图像；
- 使用Sprite类中的rect.collidepoint()和类似的函数来检测精灵冲突；
- 使用remove()函数从一组中删除精灵。

9.5 编程挑战

这里有 3 个挑战难题来供我们练习在本章中所学习的知识（如果遇到困难，访问 http://www.nostarch.com/teachkids/ 寻找示例解答）。

#1：随机颜色的点

我们首先选择自己想要在 DragDots.py 程序中使用的颜色，然后，通过创建 3 个 0 ～ 255 的随机数来使用我们的颜色，以便把程序改为绘制随机颜色的点。我们将这个新的程序命名为 RandomPaint.py。

#2：用颜色绘图

让用户使用如下的任何选项以两种或者更多稳定的颜色绘画。

- 每次用户按下一个按键，就会改变当前的绘制颜色，要么每次是一个随机的颜色，要么是某个按键所指定的一种特定颜色（例如，R 表示红色、B 表示蓝色等）。
- 对于每个鼠标按键，都使用不同的颜色绘图（例如，鼠标左键表示红色，中间的按键表示绿色，鼠标右键表示蓝色）。
- 在屏幕的底端或边缘添加一些彩色的矩形，同时修改程序，如果用户在一个矩形中点击，绘制颜色会修改为和矩形相同的颜色。

我们尝试一种或者所有这 3 种方式，将新的文件保存为 ColorPaint.py。

#3：抛出笑脸

Pygame 有一个名为 pygame.mouse.get_rel() 的函数，它将返回相对移动的量，或者说自上一次调用 get_rel() 之后，鼠标的位置在 x 和 y 方向上移动了多少个像素。我们修改 SmileyExplosion.py 文件，使用 x 和 y 方向上的相对鼠标移动作为每个笑脸的水平速度或垂直速度（而不是生成一对随机的 speedx 和 speedy 值）。这看上去就像用户抛出了一张笑脸，因为笑脸会在用户拖动鼠标的位置上快速地移动出来。

要添加另一个逼真的效果，每次当笑脸弹出到屏幕的一个边缘的时候，我们在update(self)部分中将xvel和yvel乘以一个小于1.0的数字（例如，0.95），让笑脸略微慢下来一点。笑脸将会随着时间推移而变慢，就好像是和每一面墙的摩擦使得它们移动得越来越慢一样。我们将新的App保存为SmileyThrow.py。

第 10 章

游戏编程

在第 9 章中，我们将动画和用户交互组合到一起，创建了有趣的 App。在本章中，我们将基于这些概念来构建并且添加游戏设计的要素，来重新创建一款游戏。我们将把在屏幕上绘制动画的能力和处理用户交互（如鼠标移动）的能力组合起来，创建一款经典的 Pong 类型的游戏，称之为 Smiley Pong。

我们所喜欢玩的游戏都有某些游戏设计的要素。如下是 Smiley Pong 设计的一些分解部分。

玩游戏的区域或游戏板　一个黑色的屏幕，表示一个 Ping-Pong 游戏板的一半。

目标和成就　玩家试图得分并避免丢掉命。

游戏部件（游戏角色和对象）　玩家有一个球和一个挡板。

规则　如果球碰到了挡板，玩家得到 1 分；如果球碰到了屏幕的底部，玩家丢掉一条命。

机制　我们使用鼠标来左右移动挡板，守卫屏幕的底部；随着游戏的进行，球将会移动得更快。

资源　玩家将会有 5 条命，或者尽可能多地得分。

游戏使用这些要素来吸引玩家。一款有效的游戏是这些要素的组合，从而使得游戏容易玩并且使获胜有挑战性。

10.1　构建游戏框架——Smiley Pong 1.0 版

如图 10-1 所示，Pong 是最早的街机游戏之一，可以追溯到 20 世纪 60 年代或 70 年代。在 40 多年以后，它仍然很好玩。

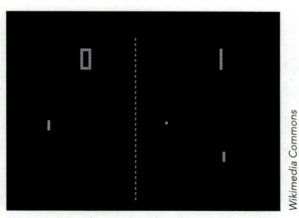

图 10-1　Atari 在 1972 年发布的著名的 Pong 游戏

Pong 的一个单玩家版本的游戏逻辑是很简单的。一个挡板沿着屏幕的一边移动（我们将在底部放置挡板）并且会反弹一个球，在我们的例子中，球就是笑脸。每次玩家击中球，都会得到 1 分，而每次漏掉了球，都会失去 1 分

（或者一条命）。

第8章中的弹跳的笑脸程序，将作为这款游戏的基础。使用Smiley
Bounce2.py作为基础，我们已经有了一个平滑的动画笑脸球，它会从窗口的
边缘弹跳开，同时我们已经使用了while循环使得动画持续，直到用户退出。
要制作Smiley Pong，我们要在屏幕的底部添加一个挡板，它随着鼠标而移动，
我们还需要添加一些碰撞检测，以处理当笑脸球碰到了挡板的情况。最后一
点修改是，从0分和5条命开始，当玩家碰到球的时候，给玩家1分；当球跑
到屏幕底部位置，玩家就丢掉一条命。图10-2展示了我们的目标。最终完成
的程序在后面给出。

图 10-2　我们将要构建的 Smiley Pong 游戏

我们给之前的SmileyBounce2.py App添加的第1项功能是挡板。

10.1.1　绘制游戏板和游戏部件

在完成的游戏中，挡板将会沿着屏幕的底部移动，在用户试图阻止球碰
到底部边界的过程中，挡板随着鼠标移动。

为了让挡板开始工作，我们在App的设置部分添加如下的信息。

```
WHITE = (255,255,255)
paddlew = 200
paddleh = 25
paddlex = 300
paddley = 550
```

这些变量将帮助我们创建一个挡板，它只是一个宽200高25的白色矩形。

我们想要它左上角的坐标从（300, 550）开始，以便挡板从底部边缘略微上面一点的地方开始，并且在800×600的屏幕上居中放置。

　　但是，我们还不打算绘制这个矩形。这些变量第一次足够在屏幕上绘制该矩形了，但是，挡板需要跟随用户的鼠标移动。我们想要将挡板在屏幕上居中放置，以便在x方向上（一边到另一边）移动鼠标的时候，其y坐标固定在屏幕底部附近。为了做到这一点，我们需要鼠标位置的x坐标。我们可以使用pygame.mouse.get_pos()来得到鼠标的位置。在这个例子中，由于我们只关注get_pos()的x坐标并且x在鼠标位置的前面，我们可以使用如下命令来得到鼠标的x坐标。

```
paddlex = pygame.mouse.get_pos()[0]
```

　　但是记住，Pygame开始在我们提供的(x, y)位置绘制一个矩形，而且它将矩形的其他部分绘制于该位置的右边和下边。为了将挡板和鼠标的位置居中对齐，我们需要从鼠标的x位置减去挡板的宽度的一半，将鼠标位置刚好放在挡板的中间。

```
paddlex -= paddlew/2
```

　　现在，我们知道了挡板的中心总是鼠标所在的位置，在游戏循环中，需要做的只是在屏幕上绘制挡板矩形了。

```
pygame.draw.rect(screen, WHITE, (paddlex, paddley, paddlew, paddleh))
```

　　如果在SmileyBounce2.py的while循环中pygame.display.update()前面添加了前面3行代码，而且在设置部分添加挡板颜色、paddlew、paddleh、paddlex和paddley，我们将会看到挡板跟随鼠标而移动。但是，球还不会从挡板上弹开，因为还没有添加测试球是否和挡板碰撞的逻辑。这正是我们下一步要做的。

10.1.2　记录分数

　　记录分数是使游戏变得有趣的一部分。分数、生命值、星星，不管我们使用什么来记录分数，当看到分数增加的时候，总会带来一种成就感。在Smiley Pong游戏中，每次球碰到挡板的时候，我们让用户获得1分，当用户漏掉了球并且球碰到了屏幕的底部，用户会丢掉一条命。下一个任务是添加逻辑让球从挡板上弹开并且得到1分、而当球碰到了屏幕的底部的时候，把玩家的命减去一条。图10-3展示了玩家获得了一些分数之后游戏的样子，注意分数显示是如何更新为8的。

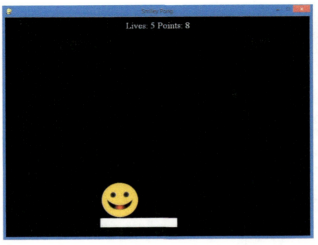

图 10-3　笑脸球从底部的挡板弹跳开时我们将给玩家增加分数

正如前面所提到的，在代码的设置部分中，我们将游戏刚开始的时候设置为0分和5条命。

```
points = 0
lives = 5
```

接下来，我们必须搞清楚何时增加分数以及何时减少命数。

减少命数

我们从减少命数开始。如果球碰到了屏幕的底部，我们知道，玩家的挡板已经漏掉了球，因此，它们应该会失去一条命。

要添加逻辑使球碰到屏幕的底部时减去一条命，我们必须将if语句分为两个部分，分别针对碰到屏幕顶部和碰到屏幕底部的情况（if picy <= 0 or picy >= 500）。如果球碰到了屏幕的顶部（picy <= 0），我们只需要将其弹跳回来，因此，我们使用-speedy来修改球在y方向的速度的方向。

```
if picy <= 0:
    speedy = -speedy
```

如果球碰到了底部（picy >= 500），我们想要从lives中减去一条命，然后让球弹跳回去。

```
if picy >= 500:
    lives -= 1
    speedy = -speedy
```

减去一条命的部分完成了，我们现在需要来增减分数。在10.1节中，我们看到了Pygame包含了使得检查碰撞更为容易的函数。但是，由于我们要从头开始构建这个Smiley Pong游戏，让我们看一下如何能够编写自己的代码来检查冲突。这段代码可以在将来的App中很方便地使用，而且编写它也是一种宝贵的问题解决练习。

用挡板碰撞球

要检查球是否从挡板弹跳开，我们需要看看球如何与挡板发生接触。它可能碰到挡板的左上角，也可能碰到挡板的右下角，或者，它可能直接从挡板的顶部弹跳起来。

当我们搞清楚了逻辑并检测了碰撞，将其绘制到纸面上，然后标记出我们需要检查的可能碰撞的角落和边，这么做是有帮助的。图10-4展示了挡板的一个框架以及球发生两个角落碰撞的情况。

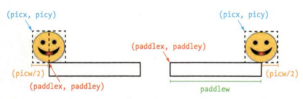

图10-4　挡板和笑脸球发生两个角落碰撞的情况

由于想要让球逼真地从挡板弹起，我们需要检查球的底部中心刚好碰到挡板的左边一角和右边一角的极端情况。我们要确保玩家不仅在球刚好直接从挡板顶部弹起的时候能够得1分，而且当球从挡板的任何一个角落弹起的时候，玩家也能得到1分。为了做到这一点，我们要看看球的垂直位置是否靠近挡板所在的屏幕底部，如果是这样的话，我们将检查球的水平位置是否允许它碰到挡板。

首先，我们搞清楚什么范围的 *x* 坐标值将能够允许球碰到挡板。由于球的中心是从其左上角（picx, picy）开始经过球的宽度的一半的位置，在App的设置部分中，我们将球的宽度的一半作为一个变量加入。

```
picw = 100
```

如图10-4所示，当picx加上图片的宽度的一半（picw/2）碰到了paddlex，也就是挡板的左上角的 x 坐标，那么，球可能碰到了挡板的左上角。

在代码中，我们可以将这个条件作为 if 语句的一部分：picx + picw/2 >= paddlex。

我们之所以对条件使用大于等于号，是因为球可能更加偏右（在 x 方向上大于 paddlex）并且仍然会碰到挡板；右角的情况只是玩家刚好碰到了挡板的第 1 个元素。挡板的左上角和右上角之间的所有 x 坐标，都是有效的碰撞区域，因此，在这些区域应该奖励用户 1 分并将球弹回。

要找出右上角的情况，看看图 10-4，我们需要球的中心（其 x 坐标为 picx + picw/2）小于或等于挡板的右上角（其坐标为 paddlex + paddlew，或者说是挡板的起始的 x 坐标加上挡板的宽度）。在代码中，将会是 picx + picw/2 <= paddlex + paddlew。

我们将这两部分组合起来放到一条单个的 if 语句中，但是这还不够。这些 x 坐标覆盖了整个屏幕，从挡板的上角到挡板的右下角，从屏幕的顶端到底端。只是确定了 x 坐标，球的 y 坐标还可能是在任何位置，因此，我们还是需要进一步缩窄范围。只知道球在挡板的水平范围之内，这是不够的，我们还需要知道球的 y 坐标在垂直的范围之内，才有可能和挡板发生碰撞。

我们知道挡板的顶部在 y 方向位于 550 像素处，这靠近屏幕的底部，因为设置部分包括了 paddley = 550 的代码行，而且这个矩形从该坐标处开始，向下延伸 25 个像素，挡板的高度存储在 paddleh 中。我们知道图片的高度为 100 像素，因此，我们将它保存到一个变量 pich 中，可以添加到设置部分中：pich = 100。

球的 y 坐标要碰到挡板，picy 的位置加上了图片的高度 pich，需要至少是 paddley 或者更大，这样，图片的底部（picy + pich）才能够碰到挡板（paddley）。测试球在 y 方向上碰到挡板的 if 语句，应该是 if picy + pich >= paddley。但是，如果只有这个条件的话，这将会允许球位于大于 paddley 的任何地方，即便在屏幕的底部。当球已经碰到了底边之后，我们不想让用户还能够继续移动挡板碰到球并得分，因此，我们需要另外一条 if 语句来设置能够得分的最大 y 坐标。

能够得到 1 分的最大 y 坐标的一个自然的选择可能是挡板的底部，或者说是 paddley + paddleh（挡板的 y 坐标加上其高度）。但是，如果球的底部越过了挡板的底部，玩家应该无法因为碰到球而得分了，因此，我们想要让

picy + pich（球的底部）小于或等于paddley + paddleh，换句话说，picy + pich <= paddley + paddleh。

这里只是多出了一个检查条件。记住，球和挡板都是虚拟的，也就是说，在现实世界中它们并不存在，也没有真正的边，并且不会像真实的游戏部件那样交互。我们也可以移动挡板穿过球，甚至当球从底边弹回的时候也会这样。但是，当玩家明显地漏掉了球的时候，我们不想让他们得分，因此，在给分之前，先检查以确保球是朝下运动的，此外，球在挡板的垂直范围和水平范围之内。如果球在 y 方向上的速度（speedy）大于 0，我们可以告诉球朝向屏幕的下方。当 speedy > 0 的时候，球在正的 y 方向上朝着屏幕下方移动。

现在，我们有了创建检查球是否碰到挡板的两条 if 语句的条件。

```
if picy + pich >= paddley and picy + pich <= paddley + paddleh \
   and speedy > 0:
    if picx + picw/2 >= paddlex and picx + picw/2 <= paddlex + \
       paddlew:
```

首先，我们检查球是否在能够碰到挡板的垂直范围之内并且是朝下运动而不是朝上运动的，然后，检查球是会否在能够碰到挡板的水平范围之内。

在两条 if 语句中，复合条件使得语句太长了，甚至超出屏幕的长度。反斜杠字符 "\" 允许我们通过折返到下一行，来继续较长的代码行。我们可以选择把一行较长的代码输入在单独的一行中，或者可以在第一行的末尾使用一个反斜杠，按下回车键并且在下一行继续代码，从而让代码换行来适应屏幕的宽度。在本章中的游戏中，还有一些较长的代码行，因此，我们会在几个代码列表中看到反斜杠。记住，Python 将会把反斜杠隔开的任何代码行都当作单独的一行代码。

添加一分

让我们来构建弹回球并加 1 分的逻辑。要完成挡板逻辑，我们在两条 if 语句的后面再添加两行代码。

```
if picy + pich >= paddley and picy + pich <= paddley + paddleh \
   and speedy > 0:
    if picx + picw/2 >= paddlex and picx + picw/2 <= paddlex + \
       paddlew:
        points += 1
        speedy = -speedy
```

添加一分很容易：points += 1。我们修改球的方向，以便它看上去向上从挡板弹回，这也很容易；只要把 y 方向上的速度取反，使得其重新回到屏幕上：speedy = –speedy。

我们可以运行这些经过修改的程序看看球如何从挡板弹回。每次挡板击中球，玩家都会得1分，无论何时，只要挡板漏掉了球，玩家就会丢掉一条命，但是，我们还没有在屏幕上显示得分和命数。接下来我们实现这一点。

10.1.3　显示得分

我们有了添加得分和减去一条命所需的逻辑，但是，还没有在玩游戏的同时在屏幕上看到得分和命数。在本节中，我们将把文本绘制到屏幕上，以便在用户玩游戏的时候为他们提供反馈，如图10-5所示。

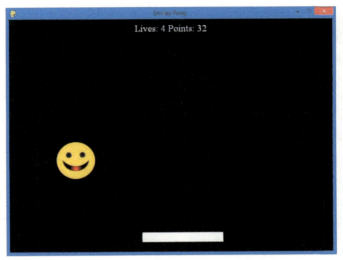

图 10-5　Smiley Pong 1.0 正在成为一款真正的游戏

第1步是将要显示的文本的字符串组合起来。在一个典型的电子游戏中，我们需要看到分数以及还有多少条命，以便知道还剩下些什么，例如Lives: 4，Points: 32。我们已经拥有了表示命的数目的变量（lives）和表示总分数的变量（points），所需要做的，只是使用str()函数将这些数字转换为对等的文本（例如，5变为"5"）并且在每次执行游戏循环的时候添加文本以显示出这些数字的含义。

```
draw_string = "Lives: " + str(lives) + " Points: " + str(points)
```

我们的字符串变量名为draw_string，它包含了想要在用户玩游戏的时候绘制在屏幕上显示给用户的文本。要将文本绘制到屏幕上，需要有一个对象或变量来连接到文本绘制模块pygame.font。字体（font）是字体类型（typeface）的一种描述，或者说，是所绘制的字符的风格，例如Arial和Times

New Roman都是字体。我们在App的设置部分中，添加如下代码行。

```
font = pygame.font.SysFont("Times", 24)
```

这会创建一个名为font的变量，它允许我们以24点的Times字体绘制到Pygame显示上。我们可以让文本更大或更小，但是现在，24点是合适的。接下来，我们将绘制文本，这个应该添加到游戏循环之中，刚好在draw_string声明之后。要将文本绘制到窗口上，我们首先在所创建的font对象上使用render()命令，把字符串绘制到单独的一个界面上。

```
text = font.render(draw_string, True, WHITE)
```

该代码会创建一个名为text的变量，来存储一个界面，其中包含了组成字符串的所有字母、数组和符号的白色像素。下一步是获取该界面的大小（宽度和高度）。较长的字符串将渲染和绘制得较宽，而较短的字符串则需要较少的像素就可以绘制。对于较大的字体和较小的字体来说，这都是一样的。文本字符串将会在一个矩形的界面上绘制，因此，我们把保存绘制字符串的矩形的变量称为text_rect。

```
text_rect = text.get_rect()
```

text界面的get_rect()命令将返回绘制字符串的大小。接下来，我们把文本矩形text_rect使用.centerx属性在屏幕上水平居中，同时将文本矩形放置在屏幕顶端以下10个像素的位置，一般能够很容易地看到它。如下是设置位置的两条命令。

```
text_rect.centerx = screen.get_rect().centerx
text_rect.y = 10
```

是时候将text_rect图像绘制到屏幕上了，我们来使用blit()函数做到这一点，就像对图片pic所做的一样。

```
screen.blit(text, text_rect)
```

经过这些修改，Smiley Pong游戏变得就像该游戏的经典版本一样了，但是，我们的笑脸充当了球。运行这个App，我们将会看到如图10-5所示的内容。我们正在制作街机品质游戏的路上。

10.1.4　整合

我们已经使用了很多的编程技巧来制作这款游戏。变量、循环、条件、数学、图形、事件处理，这几乎是工具箱中的所有内容。游戏对于开发者和玩家来说，都是一次冒险。

制作一款游戏既是挑战也是荣誉，我们将构建想要的游戏逻辑并且与其他人分享。我的两个儿子很喜欢 Smiley Pong 游戏的 1.0 版本，而且他们给了我很好的思路来将它扩展为 2.0 版。

如下是 SmileyPong1.py 1.0 版的完整代码。

SmileyPong1.py

```python
import pygame           # Setup
pygame.init()
screen = pygame.display.set_mode([800,600])
pygame.display.set_caption("Smiley Pong")
keepGoing = True
pic = pygame.image.load("CrazySmile.bmp")
colorkey = pic.get_at((0,0))
pic.set_colorkey(colorkey)
picx = 0
picy = 0
BLACK = (0,0,0)
WHITE = (255,255,255)
timer = pygame.time.Clock()
speedx = 5
speedy = 5
paddlew = 200
paddleh = 25
paddlex = 300
paddley = 550
picw = 100
pich = 100
points = 0
lives = 5
font = pygame.font.SysFont("Times", 24)

while keepGoing:        # Game loop
    for event in pygame.event.get():
        if event.type == pygame.QUIT:
            keepGoing = False
    picx += speedx
    picy += speedy

    if picx <= 0 or picx + pic.get_width() >= 800:
        speedx = -speedx
    if picy <= 0:
        speedy = -speedy
```

```
    if picy >= 500:
        lives -= 1
        speedy = -speedy

    screen.fill(BLACK)
    screen.blit(pic, (picx, picy))

    # Draw paddle
    paddlex = pygame.mouse.get_pos()[0]
    paddlex -= paddlew/2
    pygame.draw.rect(screen, WHITE, (paddlex, paddley, paddlew, paddleh))

    # Check for paddle bounce
    if picy + pich >= paddley and picy + pich <= paddley + paddleh \
      and speedy > 0:
        if picx + picw / 2 >= paddlex and picx + picw / 2 <= paddlex + \
          paddlew:
            points += 1
            speedy = -speedy

    # Draw text on screen
    draw_string = "Lives: " + str(lives) + " Points: " + str(points)

    text = font.render(draw_string, True, WHITE)
    text_rect = text.get_rect()
    text_rect.centerx = screen.get_rect().centerx
    text_rect.y = 10
    screen.blit(text, text_rect)
    pygame.display.update()
    timer.tick(60)

pygame.quit()          # Exit
```

我们的游戏逻辑差不多完成了：球从挡板上弹开，得到分数；如果玩家漏掉了球并且球碰到了屏幕的底部边界，玩家将失去一条命。这些所有的基本部分，使得该游戏像是一款街机风格的游戏。现在，我们考虑一下想要进行哪些改进，研究出逻辑并且试图在1.0版本中添加代码，来使游戏更加有趣。在10.2节中，我们将添加3项甚至更多的功能，来创建一款完全可交互的电子游戏，我们甚至可以与其他人分享它。

10.2 增加难度并结束游戏——Smiley Pong 2.0 版

Smiley Pong 游戏的1.0版已经可以玩了。玩家可以得分、丢掉命并且在屏幕上看到自己的进展。我们还没有做的一件事情是结束游戏，另外一件事情是，随着游戏的进行让玩家感受到更大的挑战。我们将给 Smiley Pong 游戏1.0

版添加如下的功能，来创建一个更加完整的2.0版：当最后一条命丢掉的时候，以一种方式显示游戏结束；不用关闭游戏而再玩一次或开始一次新游戏；随着游戏进行增加其难度的方式。我们将一次添加所有这3项功能，最终得到一个有趣的、有挑战性的、街机风格的游戏！最终版本的代码将在后面给出。

10.2.1　游戏结束

1.0版本不会停止，因为我们没有添加处理游戏结束的逻辑。我们知道要测试的条件，即当玩家剩下的命没有的时候，游戏结束。现在，我们需要搞清楚当玩家丢掉了最后一条命的时候，该做些什么。

要做的第一件事情是停止游戏。我们不想关闭游戏，但是，想要让球停下来。要做的第2件事情是，修改屏幕上的文本，告诉玩家游戏结束了并且给出他们的得分。我们可以在生命和得分的draw_string声明之后，使用一条if语句来完成这两项任务。

```
if lives < 1:
    speedx = speedy = 0
    draw_string = "Game Over. Your score was: " + str(points)
    draw_string += ". Press F1 to play again. "
```

通过将speedx和speedy（分别是球的水平速度和垂直速度）修改为0，使球停止移动。用户仍然可以在屏幕上移动挡板，但是，我们已经从视觉上结束了游戏的进行，以便让用户知道游戏结束了。文本使得这一点更清晰，此外它还能让用户知道自己这一轮玩得怎么样。

然后，我们将告诉用户按下F1键来再玩一次，但是，用户按下这个键还不会做任何事情。我们需要逻辑来处理按键事件并且再次启动游戏。

10.2.2　再玩一次

当玩家用尽了命的时候，我们想要让玩家开始一次新的游戏。我们在屏幕上添加文本，告诉玩家按下F1键可以再玩一次，因此，让我们添加代码来检测该按键事件并且再次启动游戏。首先，我们检查是否有一个键按下以及该键是否是F1。

```
if event.type == pygame.KEYDOWN:
    if event.key == pygame.K_F1:      # F1 = New Game
```

我们在游戏循环内部的事件处理程序的for循环中，添加一条if语句来检查这是否是一个KEYDOWN事件。如果是的话，我们检查该事件（event.key）

中按下的键，看看它是否为F1键（pygame.K_F1）。这两条if语句后面的代码将会是我们再玩一次或开始新游戏的代码。

注意　我们可以从 http://www.pygame.org/docs/ref/key.html 获取 Pygame 按键代码（如 K_F1 等）的完整列表。

"再玩一次"意味着我们想要重新开始游戏。对于Smiley Pong来说，开始的时候有0分，5条命，球从左上角开始（0,0）以每一帧5个像素的速度出现。如果重新设置这些变量，我们应该会得到新的游戏效果。

```
points = 0
lives = 5
picx = 0
picy = 0
speedx = 5
speedy = 5
```

我们在检查F1键KEYDOWN事件的if语句后面添加这些行，以便能够在任何时候重新开始游戏。如果我们想只有在游戏结束的时候才允许重新开始游戏，可以包含一个额外的条件lives == 0，但是，在我们的游戏2.0版本中，我们将保持这条if语句不变，以便玩家可以在任何时候重新开始。

10.2.3　更快

我们的游戏还缺乏最后一个游戏设计要素：随着玩的时间增长，它还不能变得更有挑战性，因此，人们可以一直永远玩下去，而投入的注意力也越来越少。

让我们随着游戏的进行来增加一些难度，以吸引玩家并使得游戏更像是街机游戏。我们想要在游戏进行的时候略微增加球的速度，但是并不会增加太多，否则的话，玩家可能会感到沮丧。我们想要让游戏在每一次弹回的时候都加快一点儿。在代码中做到这一点的位置，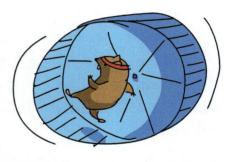自然就是检查弹回的地方。增加速度，意味着使得speedx和speedy变得更大一点儿，以便球在每一帧的每一个方向上都移动得更远一些。我们尝试把进行碰撞检测（即让球从屏幕的各个边弹回的地方）的if语句修改如下。

```
if picx <= 0 or picx >= 700:
    speedx = -speedx * 1.1
if picy <= 0:
    speedy = -speedy + 1
```

在第一种情况下，当从屏幕的左边或右边水平地弹开的时候，我们把水平速度speedx乘以1.1来增快（并且仍然使用负号来改变方向）。这会让球在每一次向左或向右弹跳的时候，将速度增加10%。

当球从屏幕的顶部弹开的时候（if picy <= 0），我们知道速度将会变为正值，因为它从上面弹回并且朝着屏幕的下方移动，是朝着y轴的正方向移动的，因此，在使用负号改变了速度的方向之后，我们给speedy加1。如果球的speedy是在每一帧向上移动5个像素的话，它弹回时的速度将会是每一帧6个像素，然后下一次是7个像素，依此类推。

如果做了这些修改，我们将会看到球变得越来越快。但是，一旦球变快了，它不会再慢下来。很快，球会移动得太快而导致玩家只需在1秒钟内就会丢掉所有的5条命。

每次玩家丢掉1条命的时候，我们将重新设置速度，从而使游戏变得更具有可玩性（且公平）。如果速度变得如此之快，以至于用户无法用挡板碰到球，这可能是一个很好的时机，可以将速度重新设置为一个较慢的值，以便玩家不会很快死掉。从屏幕底部弹回球的代码，也是将玩家的命数减1的地方，因此，让我们在减掉了命数之后再来修改速度。

```
if picy >= 500:
    lives -= 1
    speedy = -5
    speedx = 5
```

这会使得游戏变得更加合理，因为球不再变得无法控制并保持那种状态；当玩家丢掉一条命之后，球变得足够慢，玩家可以用挡板碰到球几次，使其再次加速。

然而还有一个问题，就是球可能会移动得太快，以至于球"陷入到"离开屏幕底部边界的状态；在玩几次游戏之后，玩家可能会遇到这种情况，导致只是在一次从底部边界的弹回中，就丢掉了所有剩下的命，这是因为，如果球移动得太快的话，它可能在屏幕下边界之下还在移动，并且当我们重新设置了速度，也无法使球在下一帧中就完全回到屏幕上。

为了解决这个问题，我们在if语句的末尾再添加一行代码。

```
picy = 499
```

在丢掉一条命之后，我们重新设置picy的值，例如设置为499，将球完全放置到屏幕的下边界以上，从而将球移动回屏幕之上。这有助于使球在碰撞下边界的时候不管有多快，都能够安全地回到屏幕之上。

经过这些修改之后，游戏的2.0版如图10-6所示。

图 10-6 Smiley Pong 游戏 2.0 版带有游戏运行得更快、游戏结束和重玩功能

10.2.4 整合

如下是SmileyPong2.py 2.0版的完整代码。只有不到80行代码，就可以编写一个完整的街机风格的游戏，我们可以向朋友和家人炫耀了。我们还可以进一步构建它以进一步锻炼编程技能。

SmileyPong2.py

```python
import pygame          # Setup
pygame.init()
screen = pygame.display.set_mode([800,600])
pygame.display.set_caption("Smiley Pong")
keepGoing = True
pic = pygame.image.load("CrazySmile.bmp")
colorkey = pic.get_at((0,0))
pic.set_colorkey(colorkey)
picx = 0
picy = 0
BLACK = (0,0,0)
WHITE = (255,255,255)
timer = pygame.time.Clock()
speedx = 5
speedy = 5
paddlew = 200
```

```
paddleh = 25
paddlex = 300
paddley = 550
picw = 100
pich = 100
points = 0
lives = 5
font = pygame.font.SysFont("Times", 24)

while keepGoing:        # Game loop
    for event in pygame.event.get():
        if event.type == pygame.QUIT:
            keepGoing = False
        if event.type == pygame.KEYDOWN:
            if event.key == pygame.K_F1:        # F1 = New Game
                points = 0
                lives = 5
                picx = 0
                picy = 0
                speedx = 5
                speedy = 5

    picx += speedx
    picy += speedy

    if picx <= 0 or picx >= 700:
        speedx = -speedx * 1.1
    if picy <= 0:
        speedy = -speedy + 1
    if picy >= 500:
        lives -= 1
        speedy = -5
        speedx = 5
        picy = 499

    screen.fill(BLACK)
    screen.blit(pic, (picx, picy))

    # Draw paddle
    paddlex = pygame.mouse.get_pos()[0]
    paddlex -= paddlew/2
    pygame.draw.rect(screen, WHITE, (paddlex, paddley, paddlew, paddleh))

    # Check for paddle bounce
    if picy + pich >= paddley and picy + pich <= paddley + paddleh \
        and speedy > 0:
        if picx + picw/2 >= paddlex and picx + picw/2 <= paddlex + \
            paddlew:
            speedy = -speedy
            points += 1

    # Draw text on screen
    draw_string = "Lives: " + str(lives) + " Points: " + str(points)
    # Check whether the game is over
    if lives < 1:
```

```
        speedx = speedy = 0
        draw_string = "Game Over. Your score was: " + str(points)
        draw_string += ". Press F1 to play again. "

    text = font.render(draw_string, True, WHITE)
    text_rect = text.get_rect()
    text_rect.centerx = screen.get_rect().centerx
    text_rect.y = 10
    screen.blit(text, text_rect)
    pygame.display.update()
    timer.tick(60)

pygame.quit()              # Exit
```

我们可以继续构建这个示例中的游戏要素（参见本章后面的编程挑战），或者可以使用这些构建模块来开发一些新的内容。大多数游戏甚至其他的App，都具有我们在本章中所添加的一些功能，而且我们通常都遵从和本章中构建 Smiley Pong 所采用过程类似的过程。首先，我们规划好游戏的框架，然后，构建一个可工作的原型，或者说是1.0版；一旦完成了这些，添加功能，直到得到一个想要的完整版。我们将会发现版本迭代（iterative versioning，也就是每次添加新功能来创建一个新的版本）对于构建较为复杂的App很有用。

10.3　添加更多的功能——SmileyPop 2.0 版

我们将再次进行版本迭代的过程，添加一些我儿子Max和我想要在第9章中的SmileyPop中所见到的功能。首先，当鼠标点破笑脸气球的时候，我们想要有一个声音效果。其次，我们都想要某种反馈和显示（可能是已经创建了多少个气球以及已经点破了多少个气球），而且我们想要有一个进度标志，例如，已经点破的气球所占的百分比。SmileyPop这个App已经很有趣了，但是，这些要素会使得它更有趣。

看一下前面的SmileyPop.py，我们将从该App的这个版本开始，通过添加代码来构建2.0版本。最终版本的SmileyPop2.py的完整代码将在后面给出。

10.3.1　使用 Pygame 添加声音

在http://www.pygame.org/docs/，我们可以找到使游戏更加有趣并且使编程更加容易的模块、类和函数。对于声音效果来说，我们所需的模块是pygame.mixer。要使用这个混合器模块给游戏添加声音，我们首先需要一个声音文件。为了实现点破气球的音效，我们可以从http://www.nostarch.com/teachkids/的第10章的源代码和文件中下载pop.wav文件。

在SmileyPop.py的设置部分，我们在sprite_list = pygame.sprite.Group()的下面添加如下两行代码：

```
pygame.mixer.init()      # Add sounds
pop = pygame.mixer.Sound("pop.wav")
```

首先我们要初始化混合器（就像是用pygame.init()来初始化Pygame一样）。然后，我们将声音效果pop.wav加载到一个Sound对象中，以便能够在程序中播放它。第2行代码将pop.wav作为一个pygame.mixer.Sound对象加载并且将其存储到变量pop中，稍后当我们想要听到点破气球的声音的时候会使用它。和图像文件一样，我们需要将pop.wav保存在和SmileyPop.py程序相同的文件夹之下，代码才能够找到该文件并使用它。

接下来，我们需要添加逻辑来检测是否点击了一个笑脸，如果笑脸点破的话就播放pop声音。我们将在游戏循环的事件处理部分，在和处理鼠标右键事件相同的elif语句中（elif pygame. mouse.get_pressed()[2]）完成这一操作。当prite_list.remove (clicked_smileys)将点中的笑脸从sprite_list中删除的时候，我们应该检查看是否有任何真正的笑脸碰撞，然后再播放声音。

用户可能会在屏幕的某一个区域中点击鼠标右键，但是并不会有笑脸会被点破，或者当他们试图点击的时候可能错过了一个笑脸。我们还要使用if len(clicked_smileys) > 0来看看是否有任何笑脸真的被击中了。len()函数告诉我们一个列表或集合的长度，如果长度大于0，将会有点中的笑脸。记住，clicked_smileys是和用户点击的点碰撞或与该点绘制发生重叠的笑脸精灵的一个列表。

如果clicked_smileys列表中有笑脸精灵，那么，用户至少正确地点中了一个笑脸，因此，我们播放点破声音。

```
if len(clicked_smileys) > 0:
    pop.play()
```

注意，这两行代码都要和用于处理鼠标点击的elif语句中的其他代码缩进对齐了。

这4行添加的代码，就是当用户成功地用鼠标右键点击一个笑脸之后播放点破声音所需的所有代码。要进行这些修改并听到结果，我们要确保已经下载了pop.wav声音文件并且和修改后的SmileyPop.py放在了同一文件夹中，将扬声器的音量开到一个合适的大小并点破笑脸。

10.3.2　跟踪和记录玩家进度

我们想要添加的下一项功能，是以某种方法帮助玩家感受到进度。声音效果添加了一种有趣的反馈（只有在用户真的点击了一个笑脸精灵的时候，才会听到点破的声音），但是，还是让我们记录一下用户创建了多少个笑脸以及用户点破的笑脸所占的百分比。

要构建记录用户创建的笑脸数目和点击的笑脸数目的逻辑，首先，我们在App的设置部分添加一个font变量和两个计数变量，count_smileys和count_popped。

```
font = pygame.font.SysFont("Arial", 24)
WHITE = (255,255,255)
count_smileys = 0
count_popped = 0
```

我们将font变量设置为Arial字体，大小为24点。我们想要在屏幕上以白色的字母绘制文本，因此，添加一个颜色变量WHITE并且将其设置为白色RGB颜色（255,255,255）。count_smileys和count_popped变量将存储所创建的笑脸数目和点击的笑脸数目，当App初次加载的时候，这两个值都是从0开始的。

创建的笑脸和点击的笑脸

首先，当笑脸添加到sprite_list的时候，我们统计它的数目。要做到这一点，我们几乎要找到SmileyPop.py代码的最底部，在检查是否按下鼠标按钮并拖动鼠标将笑脸添加到sprite_list中的if mousedown语句处，给该if语句添加最后的一行代码。

```
if mousedown:
    speedx = random.randint(-5, 5)
    speedy = random.randint(-5, 5)
    newSmiley = Smiley(pygame.mouse.get_pos(), speedx, speedy)
    sprite_list.add(newSmiley)
    count_smileys += 1
```

每次一个新的笑脸添加到sprite_list中的时候，count_smileys都要加1，这样会记录所绘制的笑脸的总数目。

我们为点击了一个或多个笑脸的时候播放点破声音的if语句添加类似的逻辑，但是不要给count_popped加1，要加上所点击的笑脸的真实数目。记住，用户可能会点击了屏幕上某个点重合的两个以上或更多的笑脸精灵。在鼠标右键点击事件的事件处理程序中，我们将所有的这些碰撞的笑脸都收集为一个clicked_smileys列表。要搞清楚给count_popped加上多少值，我们只需要再次使用len()函数，获得用户使用鼠标右键所点破的笑脸的正确数目就可以了。我们在针对点破声音而编写的if语句中，加上如下几行代码。

```
if len(clicked_smileys) > 0:
    pop.play()
    count_popped += len(clicked_smileys)
```

通过将count_popped加上len(clicked_smileys)，在任何时候，我们总是能够得到点破笑脸的正确数目。现在，我们只需要给游戏循环添加代码来显示所创建的笑脸数目、点破的笑脸数目并计算用户的进度。

就像Smiley Pong的显示一样，我们将创建绘制到屏幕上的文本的一个字符串并且将使用str()函数将数字显示为字符串。在游戏循环之中，我们在pygame.display.update()之前，添加如下代码。

```
draw_string = "Bubbles created: " + str(count_smileys)
draw_string += " - Bubbles popped: " + str(count_popped)
```

这些代码行将创建draw_string并显示创建的笑脸数目和点破的笑脸数目。

点破笑脸所占百分比

我们在两条draw_string语句的后面，添加如下3行代码。

```
if (count_smileys > 0):
    draw_string += " - Percent: "
    draw_string += str(round(count_popped/count_smileys*100, 1))
    draw_string += "%"
```

要得到点破的笑脸占所有创建的笑脸的百分比，我们用count_popped除以count_smileys（count_popped/count_smileys），然后乘以100，得到百分比值（count_popped/count_smileys*100）。但是，如果试图显示这个数字，这里还有两个问题。首先，程序开始的时候，这两个值都是0，百分比计算将会出现"除以0"的错误。为了修正这个问题，只有当count_smileys大于0的时候，我们才显示点破的笑脸所占的百分比。

其次，如果用户创建了3个笑脸并且点破了其中的一个，比率将会是1除以3（或1/3），百分比将会是33.33333333……。我们不想在每次百分比计算结果有一个不能除尽的小数位数的时候，都显示很长的一串，因此，我们使用round()函数将百分比值舍入到保留一个小数位。

最后一步是使用白色像素绘制该字符串，我们将其居中放置到屏幕上靠近顶部的地方并且调用screen.blit()将这些像素复制到游戏窗口的绘制屏幕。

```
text = font.render(draw_string, True, WHITE)
text_rect = text.get_rect()
text_rect.centerx = screen.get_rect().centerx
text_rect.y = 10
screen.blit (text, text_rect)
```

我们将会看到这些修改的效果如图10-7所示。较小的笑脸比较难捕捉并点击，特别是当它们移动得很快的时候，因此，很难达到90%以上的百分比。这正是我们想要的效果。我们使用这一反馈以及挑战/成就来使该App看上去更像是可以玩的一款游戏。

图10-7　在添加了声音和进度/反馈显示之后SmileyPop App更像是一款游戏

点破的声音以及进度显示的反馈，使得SmileyPop更像是一款移动App。当我们使用鼠标右键点击笑脸的时候，可以想象一下，好像是在移动设备上用手指轻轻触碰笑脸（要学习如何构建移动App，访问http://appinventor.mit.edu/查阅MIT的App Inventor）。

10.3.3 整合

如下是SmileyPop 2.0版的完整代码，记住要把.py源代码文件、CrazySmile.bmp图像文件和pop.wav声音文件保存在同一目录下。

这个App大概有90行代码，可能有点太长，无法手动录入。我们访问http://www.nostarch.com/teachkids/并下载代码以及声音和图像文件。

SmileyPop2.py

```python
import pygame
import random

BLACK = (0,0,0)
WHITE = (255,255,255)
pygame.init()
screen = pygame.display.set_mode([800,600])
pygame.display.set_caption("Pop a Smiley")
mousedown = False
keep_going = True
clock = pygame.time.Clock()
pic = pygame.image.load("CrazySmile.bmp")
colorkey = pic.get_at((0,0))
pic.set_colorkey(colorkey)
sprite_list = pygame.sprite.Group()
pygame.mixer.init()       # Add sounds
pop = pygame.mixer.Sound("pop.wav")
font = pygame.font.SysFont("Arial", 24)
count_smileys = 0
count_popped = 0

class Smiley(pygame.sprite.Sprite):
    pos = (0,0)
    xvel = 1
    yvel = 1
    scale = 100

    def __init__(self, pos, xvel, yvel):
        pygame.sprite.Sprite.__init__(self)
        self.image = pic
        self.scale = random.randrange(10,100)
        self.image = pygame.transform.scale(self.image,
                                    (self.scale,self.scale))
        self.rect = self.image.get_rect()
        self.pos = pos
        self.rect.x = pos[0] - self.scale/2
        self.rect.y = pos[1] - self.scale/2
        self.xvel = xvel
        self.yvel = yvel
```

```python
    def update(self):
        self.rect.x += self.xvel
        self.rect.y += self.yvel
        if self.rect.x <= 0 or self.rect.x > screen.get_width() - self.scale:
            self.xvel = -self.xvel
        if self.rect.y <= 0 or self.rect.y > screen.get_height() - self.scale:
            self.yvel = -self.yvel

while keep_going:
    for event in pygame.event.get():
        if event.type == pygame.QUIT:
            keep_going = False
        if event.type == pygame.MOUSEBUTTONDOWN:
            if pygame.mouse.get_pressed()[0]:    # Left mouse button, draw
                mousedown = True
            elif pygame.mouse.get_pressed()[2]:  # Right mouse button, pop
                pos = pygame.mouse.get_pos()
                clicked_smileys = [s for s in sprite_list if
                                    s.rect.collidepoint(pos)]
                sprite_list.remove(clicked_smileys)
                if len(clicked_smileys) > 0:
                    pop.play()
                    count_popped += len(clicked_smileys)
        if event.type == pygame.MOUSEBUTTONUP:
            mousedown = False
    screen.fill(BLACK)
    sprite_list.update()
    sprite_list.draw(screen)
    clock.tick(60)
    draw_string = "Bubbles created: " + str(count_smileys)
    draw_string += " - Bubbles popped: " + str(count_popped)
    if (count_smileys > 0):
        draw_string += " - Percent: "
        draw_string += str(round(count_popped/count_smileys*100, 1))
        draw_string += "%"

    text = font.render(draw_string, True, WHITE)
    text_rect = text.get_rect()
    text_rect.centerx = screen.get_rect().centerx
    text_rect.y = 10
    screen.blit (text, text_rect)

    pygame.display.update()
    if mousedown:
        speedx = random.randint(-5, 5)
        speedy = random.randint(-5, 5)
        newSmiley = Smiley(pygame.mouse.get_pos(), speedx, speedy)
        sprite_list.add(newSmiley)
        count_smileys += 1

pygame.quit()
```

编写的程序越多，我们越能够更好地编代码。通过编写游戏开始起步，我们会发现编写App来解决自己关注的一个问题，或者为其他人开发App，这其中充满了乐趣。继续编程，解决更多的问题，变得越来越善于编程，我们很快就能够开发出令全世界的用户都受益的产品了。

无论我们要编写移动游戏或App，还是编写程序来控制汽车、机器人或无人机，甚至构建下一代的社交媒体Web应用程序，编程都是能够改变人生的一项技能。

我们已经有了这些技能，有了这种能力。继续实践，继续编程并大胆走出去影响我们自己的生活，影响我们所关注的人们的生活，甚至影响全世界。

10.4　本章小结

在本章中，我们学习了有关游戏设计的要素，从目标和成就，到规则和机制。我们重新开始构建了一个单玩家的Smiley Pong游戏并且将SmileyPop App转变为可以设想在智能手机或平板电脑上玩的一款游戏。我们将动画、用户交互和游戏设计组合到一起，构建了Smiley Pong游戏的两个版本和SmileyPop的另一个版本，添加了想要的尽可能多的功能。

在Smiley Pong中，我们绘制了游戏板和游戏角色，添加了用户交互来移动挡板，也添加了碰撞检测和计分系统。我们将文本显示到屏幕上，为用户提供了他们的成就以及游戏状态等信息。我们学习了如何在Pygame中检测按键事件，添加了"游戏结束"和"再玩一次"等逻辑，而且随着游戏的进行让球加速，从而完成2.0版。现在，我们有了构建更复杂的游戏的框架和部分。

在SmileyPop中，我们从一个已经很好玩的App开始，使用pygame.mixer模块添加了以点破声音为形式的用户反馈，然后，添加了逻辑和显示，随着更多的笑脸气球创建和点破，记录用户的进度。

我们使用自己的编程技能所创建的App，也应该从一个简单的版本（一个概念验证，proof of concept）开始，可以运行这个版本并将其用作开发新版本的基础。我们可从任何程序开始，每次添加一项功能，保存新的版本，这个过程叫作版本迭代（iterative versioning）。这个过程将帮助我们调试新版本的功能，直到它能够正确地工作，而且当最新的代码出现问题的时候，这种做法有助于我们保存最近的较好的版本。

有时候，新的功能是一个很好的起点，我们可以将其当作下一个版本的基础。有时候，新的代码无法工作，或者这些功能并不像我们预期的那样好。不管是哪种方式，通过尝试新的事务并解决新的问题，都是构建编程技能的方法。

享受编写代码的快乐吧！

在掌握了本章的概念之后，我们应该能够做到如下的事情：

- 识别我们所使用的游戏和App中常见的游戏设计要素；
- 在我们的App代码中加入游戏设计要素；
- 通过绘制游戏板和游戏部件并添加用户交互来构建一款游戏的框架；
- 编写一个App或游戏中的游戏块之间的碰撞检测和计分系统；
- 使用pygame.font模块在屏幕上显示文本信息；
- 编写游戏逻辑判断游戏何时结束；
- 在Pygame中检测和处理按键；
- 开发在游戏结束后启动一次新游戏或再玩一次的代码；
- 使用数学和逻辑使得游戏逐渐变得更难；
- 使用pygame.mixer模块给App添加声音；
- 显示百分比和舍入的数字来告诉玩家他们在游戏中的进展；
- 理解版本迭代的过程，每次给App添加一项功能并将其保存为一个新的版本（1.0、2.0等）。

10.5　编程挑战

尝试这些挑战来练习我们在本章中所学习的知识（如果遇到困难，访问 http://www.nostarch.com/teachkids/ 寻找示例解答）。

#1：声音效果

我们能够为Smiley Pong 2.0版添加的一项功能就是声音效果。在经典的Pong游戏和街机游戏中，当玩家得到1分的时候，会发出"滴滴"的声音；而当球漏掉的时候，会发出"嗡嗡"声。作为最后一项挑战，我们使用在SmileyPop 2.0版中所学到的技能，将Smiley Pong v2.0升级为 v3.0，为得分和漏掉球添加声音效果，将新的文件保存为SmileyPong3.py。

#2：碰撞和漏掉

为了让SmileyPop App更像是游戏，我们添加逻辑来记录总的点击次数中的碰撞次数和漏掉次数。如果用户在任何笑脸精灵之上点击了鼠标右键，给hits的数目加1（每次点击加1，我们不想和count_popped重复）。如果用户点击鼠标右键而没有点中任何的笑脸精灵，将其记录为miss。我们可以编写逻辑，在错过了一定的次数之后，就结束游戏；或者给用户一定的总点击次数，以得出他们所能达到的最高百分比。我们甚至可以添加一个计时器来告诉玩家一定时间内创建并点破尽可能多的笑脸，例如，计时30秒。我们将新的版本保存为SmileyPopHitCounter.py。

#3：清除笑脸

我们可能想要添加一个"清除"功能（或作弊按钮），通过点击一个功能按键，将所有的笑脸都击破，这有点像Smiley Pong中的"再玩一次"功能。我们也可以在笑脸从边缘弹跳开的时候，将弹跳的笑脸的速度乘以一个小于1的数字（例如0.95），使得笑脸的速度随着时间而降低。可能性是无限的。

附录 A
Windows、Mac 和 Linux 下的 Python 安装

　　本附录将介绍在 Windows、Mac 和 Linux 上安装 Python 的每一个步骤。根据操作系统的版本，我们在屏幕上看到的可能和这里介绍的略有不同，但是，这些步骤应该都能让我们完成安装并运行 Python。

如果想要在学校或公司的计算机上安装Python，我们可能需要IT部门的帮助或许可才能进行安装。如果我们在学校安装Python，请求IT帮助并让他们知道我们想要学习编程。

A.1　Windows 下安装 Python

对于Windows，我们将使用Python 3.2.5的版本，以便第8章到第10章的程序所要用到的Pygame安装（参见附录B）起来容易。

A.1.1　下载安装程序

1）访问http://python.org/，将鼠标放置在"Downloads"链接上，我们将会看到一个下拉菜单选项，如图A-1所示。

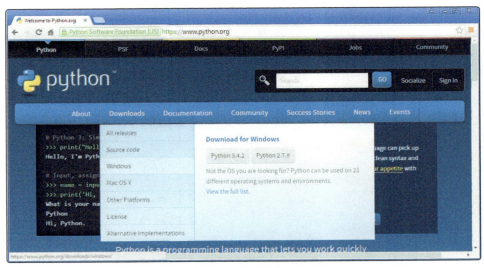

图 A-1　将鼠标悬停在 Downloads 上以显示选项列表

2）在下拉列表中点击"Windows"链接，这将会把我们带到一个"Python Releases For Windows"页面，如图A-2所示。

3）向下滚动，直到看到以Python 3.2.5开头的链接。在该链接下，我们将会看到几个选项，如图A-3所示。

4）在Python 3.2.5下，点击"Windows x86 MSI installer"将会下载该安装程序。

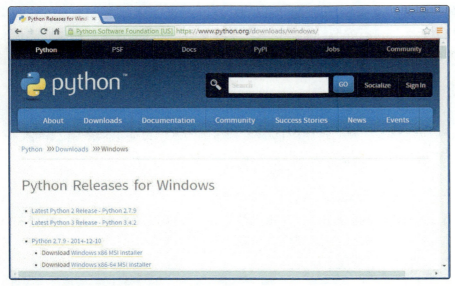

图 A-2　针对 Windows 的 Python 下载页面

图 A-3　在"Python Releases For Windows"下找到 Python 3.2.5 安装程序

A.1.2　运行安装程序

1）等待下载完成，然后打开"Downloads"文件夹，我们应该会看到"python-3.2.5 Windows"安装程序文件，如图 A-4 所示。

2）我们双击"python-3.2.5 Windows"安装程序文件，开始安装。

3）这时会出现一个"Security Warning"对话框，如图 A-5 所示。如果我们看到一个"Security Warning"窗口，点击"Run"按钮；该窗口只是告诉我们软件将要在我们的计算机上安装一些东西。

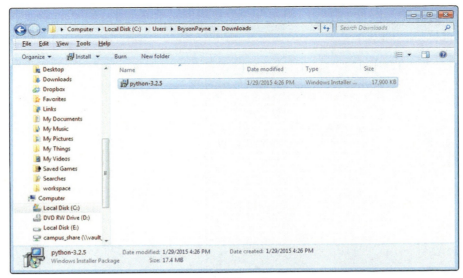

图 A-4　双击"Downloads"文件夹中的安装程序

图 A-5　点击"Run"来允许安装

4）安装程序会问我们想要为所有的用户还是只是为自己安装 Python，如图 A-6 所示。通常我们选择"Install for all users"，但是如果在学校或办公室里不允许这样做，或者无法做到，尝试"Install just for me"，然后点击"Next >"按钮。

5）接下来，我们将会看到一个"Select Destination Directory"窗口，如图 A-7 所示。在这里我们可以选择要将 Python 安装到哪个文件夹之中。程序将试图安装到 C:\硬盘下一个名为 Python32 的文件夹中，这对于笔记本或家庭 PC 来说也是有效的。我们点击"Next >"按钮以继续安装。（如果在学校或公司里安装并遇到困难，IT部门的人可能会让我们安装到一个不同的目录，例如 User 或 Desktop）。

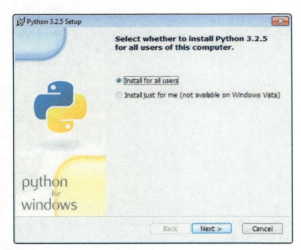

图 A-6　为所有的用户安装

图 A-7　选择安装 Python 的一个文件夹

6）现在，我们将会看到如图 A-8 所示的一个窗口，请求定制 Python，在这里，不需要做任何修改，只需要点击"Next >"按钮。

7）现在应该已经完成了安装，我们会看到如图 A-9 所示的一个窗口，点击"Finish"按钮。

现在已经安装完 Python 了，接下来，我们可以尝试确认 Python 能够正确地工作。

图 A-8　不要做任何修改只是点击"Next >"按钮

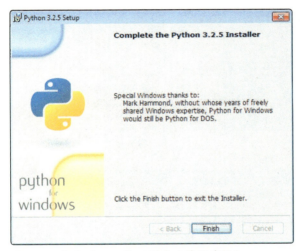

图 A-9　点击"Finish"以退出安装程序按钮

A.1.3　尝试 Python

1）打开 Start►Programs►Python 3.2►IDLE (Python GUI)，如图A-10所示（在Windows 8及其以后的版本上，可以点击"Windows/Start"，打开Search工具并输入"IDLE"）。

2）这里应该会出现Python shell编辑界面。这个Python shell程序就是输入代码并立即看到结果的地方。如果我们感到好奇，可以开始尝试一些代码，输入"print（"Hello, Python!"）"并按下回车键，Python shell应该会回应

"Hello, Python!"，如图A-11所示。我们尝试另外一条语句，例如"2 + 3"，并按下回车，Python应该会给出答案。

图 A-10　从"Start"菜单打开 IDLE

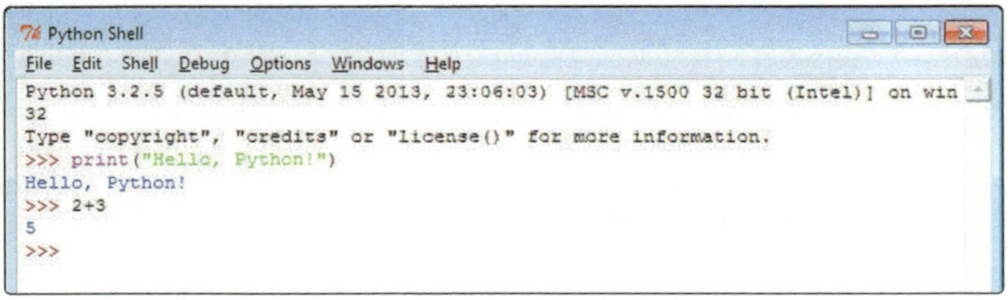

```
Python 3.2.5 (default, May 15 2013, 23:06:03) [MSC v.1500 32 bit (Intel)] on win
32
Type "copyright", "credits" or "license()" for more information.
>>> print("Hello, Python!")
Hello, Python!
>>> 2+3
5
>>>
```

图 A-11　在 Python shell 中尝试一些命令

3）最后，我们可以尝试修改IDLE中的文本的大小使其更容易阅读。打开"Options▶Configure IDLE…"，在"Fonts/Tabs"下将"Size"选项修改为18或者任何对我们来说最容易阅读的大小，如图A-12所示。我们也可以选中"Bold"复选框，使文本加粗。定制字体会看上去更舒适。

4）选择了字体和大小使IDLE输入更易于阅读后，我们点击"Apply"，然后点击"Ok"返回到"IDLE Python shell"界面。现在，当我们输入的时候，应该会看到文本以我们选定的字体和大小显示。

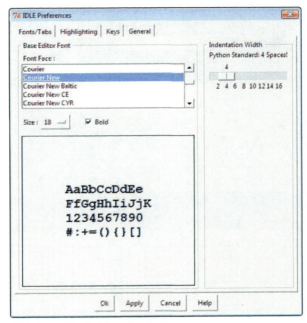

图 A-12　IDLE 中的配置选项

现在，我们已经准备好学习第 1 章到第 7 章的内容了。要使用第 8 章到第 10 章的程序，我们还需要阅读附录 B，按照步骤安装 Pygame。享受编程的快乐吧！

A.2　Mac 下安装 Python

大多数苹果电脑都已经安装了 Python 的一个早期版本，但是，我们想要安装 3.4.2 版本，以便使用 Python 3 的新功能来运行本书中的示例代码。

A.2.1　下载安装程序

1）访问 http://python.org/，将鼠标放置在 Downloads 链接上，我们在该列表中将会看到"Mac OS X"，如图 A-13 所示。

2）点击下拉列表上的"Mac OS X"链接，将会把我们带到一个"Python Releases For Mac OS X"页面。

3）在"Python Releases For Mac OS X"页面，我们找到以"Python 3.4.2"开头的链接并点击它，下载安装程序。

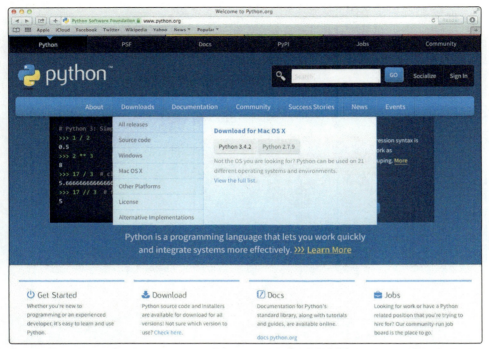

图 A-13　将鼠标悬停在"Downloads"上在下拉列表中应该会看到一个 Mac OS X 链接

A.2.2　运行安装程序

1）等待下载完成，然后我们打开"Downloads"文件夹，应该会看到"python-3.4.2 Mac"安装程序文件，如图A-14所示，双击该文件开始安装。

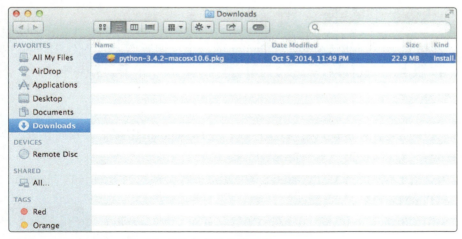

图 A-14　双击"Downloads"文件夹中的安装程序

2）双击该安装程序文件，我们会打开一个 Install Python 窗口，将会看到如图 A-15 所示的欢迎界面，点击"Continue"按钮。

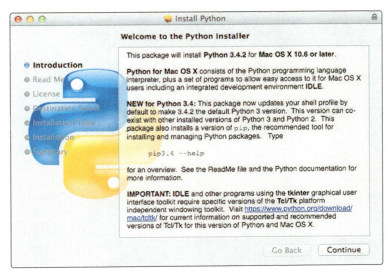

图 A-15　在欢迎界面上点击"Continue"按钮

3）我们在弹出的软件许可对话框中选择"Agree"按钮，如图 A-16 所示。

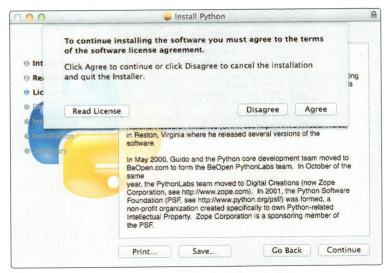

图 A-16　在软件许可界面上阅读并点击"Agree"按钮

4）将会出现一个"Select a Destination"界面，如图 A-17 所示，这里我们要选择将 Python 安装到哪一个硬盘。程序通常会安装到 Mac HD 硬盘上，对于MacBook或家用Mac来说都是如此。我们点击"Continue"按钮以继续安装（如果在学校或公司里安装并遇到困难，IT部门的人可能会让我们安装到一个不同的目录，如果需要的话，请他们帮忙）。

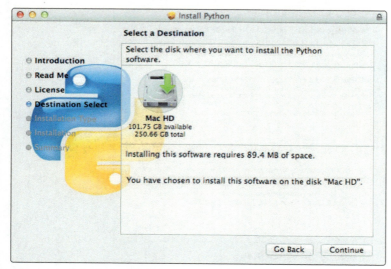

图 A-17　点击"Continue"按钮继续安装

　　5）我们在下一个界面中点击"Install"按钮，如图A-18所示。

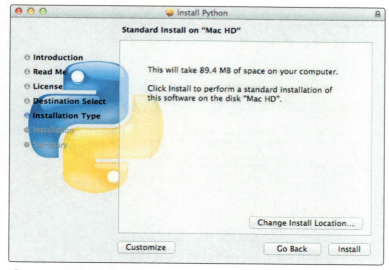

图 A-18　点击"Install"按钮

　　6）我们应该会看到一个确认安装完成的界面，如图A-19所示，点击

"Close" 按钮来退出安装程序。

图 A-19　点击"Close"按钮退出安装程序

我们已经安装了 Python！接下来，让我们尝试一下看看它是否能够工作。

A.2.3　尝试 Python

1）我们打开 Launchpad 并点击"IDLE"，或者打开"Finder▶Applications"，双击"Python 3.4"文件夹并且双击"IDLE"以打开 Python shell，如图 A-20 所示。

图 A-20　从 Launchpad（左边）或 Applications 文件夹（右边）打开 IDLE

2）这里应该会出现 Python shell 编辑界面，我们可以在这个 shell 中尝试一些代码了。我们输入"print（"Hello, Python!"）"并按下回车键，Python shell 应该会回应"Hello, Python!"，如图 A-21 所示。我们尝试另外一条语句，例如"2+3"，并按下回车键，Python 应该会给出答案。

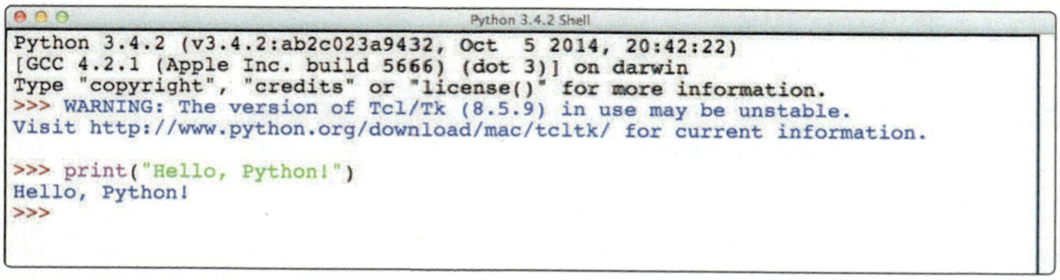

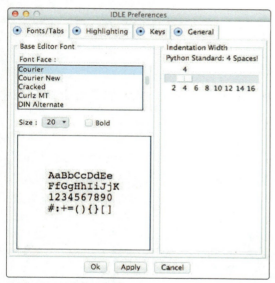

Python 3.4.2 Shell
Python 3.4.2 (v3.4.2:ab2c023a9432, Oct 5 2014, 20:42:22)
[GCC 4.2.1 (Apple Inc. build 5666) (dot 3)] on darwin
Type "copyright", "credits" or "license()" for more information.
>>> WARNING: The version of Tcl/Tk (8.5.9) in use may be unstable.
Visit http://www.python.org/download/mac/tcltk/ for current information.
>>> print("Hello, Python!")
Hello, Python!
>>>

图 A-21　在 Python shell 中尝试一些命令

3）最后，我们可以尝试修改IDLE中的文本的大小，以使其更容易阅读。打开“IDLE4 Preferences…”，我们在“Fonts/Tabs”下将“Size”选项修改为20，或者调整得更大或更小，直到容易阅读为止，如图A-22所示。我们也可以选中“Bold”复选框，使文本加粗。定制字体看上去会更舒适。

IDLE Preferences
Fonts/Tabs
Highlighting
Keys
General
Base Editor Font
Font Face :
Courier
Courier New
Cracked
Curlz MT
DIN Alternate
Size : 20
Bold
AaBbCcDdEe
FfGgHhIiJjK
1234567890
#:+=(){}[]
Indentation Width
Python Standard: 4 Spaces!
4
2 4 6 8 10 12 14 16
Ok
Apply
Cancel

图 A-22　IDLE 中的配置选项

现在，我们已经准备好学习第1章到第7章的内容了。要使用第8章到第10章的程序，我们还需要阅读附录B，按照步骤安装Pygame。享受编程的快乐吧！

A.3　Linux 下的 Python 安装

大多数的Linux发布版，包括Ubuntu甚至是Linux OS，甚至是安装在Raspberry Pi上的Linux，都已经安装了Python的一个较早的版本。然而，本书中的大多数App都需要Python 3。要在Linux上安装Python 3，我们要按照如下步骤进行。

1）我们在"Dash"菜单下，找到"System Tools"并运行"Ubuntu Software Center"或你的Linux的类似的应用程序。图A-23展示了在Lubuntu上运行的Software Center。

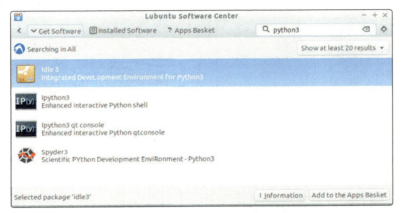

图 A-23　在一台运行 Lubuntu Linux 的计算机上安装 Python 3

2）我们搜索python3并找到Idle 3，点击"Add to the Apps Basket"按钮。

3）我们打开Apps Basket标签并且点击"Install Packages"按钮，如图A-24所示。

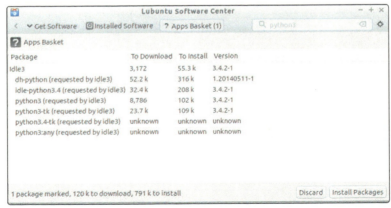

图 A-24　安装 Idle 3 软件包（其中包括 Python 3）

4）我们在安装完成后打开一个文件窗口，选择"Applications"，然后选择"Programming"，应该会看到"IDLE (using Python-3.4)"，如图A-25所示。

Programming
File Edit View Bookmarks Go Tools Help
menu://applications/Programming
Places
Home Folder
Desktop
Trash Can
Applications
1000 GB Volu...
1.1 GB Volume
Documents
Music
Pictures
Videos
Downloads
IDLE (using Python-3.4)
1 item (2 hidden)

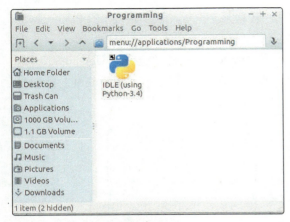

图 A-25 Python shell 程序 IDLE

5）我们运行IDLE来测试它。输入“2 + 3”，并按下回车键。输入“print(“Hello, Python!”)”并按下回车键。IDLE的响应应该会如图A-26所示。

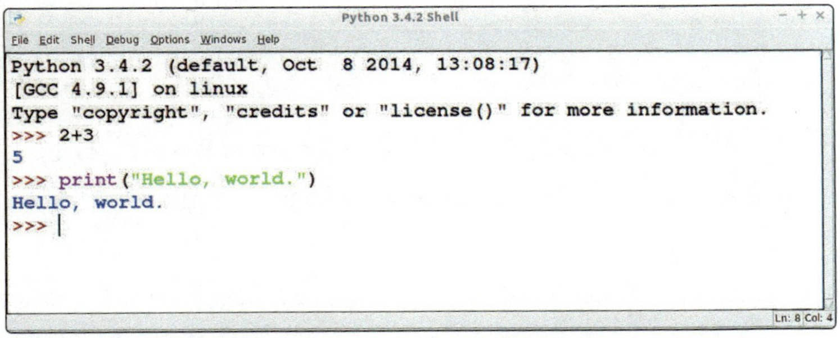

Python 3.4.2 Shell
File Edit Shell Debug Options Windows Help
Python 3.4.2 (default, Oct 8 2014, 13:08:17)
[GCC 4.9.1] on linux
Type "copyright", "credits" or "license()" for more information.
>>> 2+3
5
>>> print("Hello, world.")
Hello, world.
>>>
Ln: 8 Col: 4

图 A-26 运行 IDLE 以测试 Python 准备好编写代码

现在，我们已经准备好尝试第1章到第7章的所有程序了。要使用第8章到第10章的程序，我们还需要阅读附录B，按照步骤安装Pygame。享受编程的快乐吧！

附录 B

Windows、Mac 和 Linux 下的 Pygame 安装

在安装了 Python 之后（参见附录 A），我们还需要安装 Pygame 才能够运行第 8 章到第 10 章的动画。本附录将帮助我们安装和运行 Pygame。如果想要在学校或公司的计算机上安装 Pygame，我们可能需要 IT 部门的帮助或许可才能进行安装，如果遇到问题，可以请求 IT 帮忙。

B.1 在 Windows 下安装 Pygame

对于 Windows，我们将安装 Pygame 1.9.2 for Python 3.2（参见附录 A 来获得安装 Python 3.2.5 的帮助）。

1）我们访问 http://pygame.org/ 并点击左边的"Downloads"链接，如图 B-1 所示。

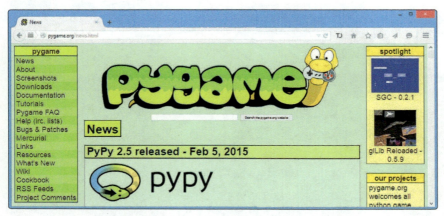

图 B-1　点击"Downloads"链接

2）我们在 Windows 部分找到 pygame-1.9.2a0.win32-py3.2.msi 链接并且点击它下载安装程序，如图 B-2 所示。

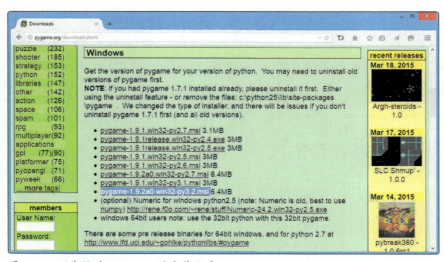

图 B-2　下载针对 Windows 的安装程序

3）当下载完成的时候，我们打开"Downloads"文件夹并找到"pygame-1.9.2a0.win32-py3.2 Windows"安装程序，如图B-3所示，双击该文件开始安装。如果出现一个"Security Warning"窗口，我们点击"Run"按钮。Windows只是让我们知道该软件试图在我们的计算机上安装一些内容。

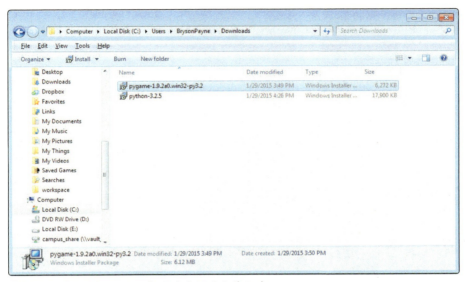

图B-3　双击"Downloads"文件夹下的安装程序

4）安装程序询问我们想要为所有用户还是为自己安装Pygame，当然，最好是选择"Install for all users"，但是，如果在学校或公司不允许这么做得话，我们就不能选它，尝试一下"Install just for me"吧，点击"Next>"按钮，如图B-4所示。

图B-4　为所有用户安装

5）程序应该会发现我们安装了Python 3.2.5（参见附录A）。我们选择

"Python 3.2 from registry"，点击 "Next >" 按钮来继续安装，如图 B-5 所示（如果我们在学校或公司安装并遇到困难，IT 工作人员可能会需要我们为 Python 选择另外一个安装位置）。

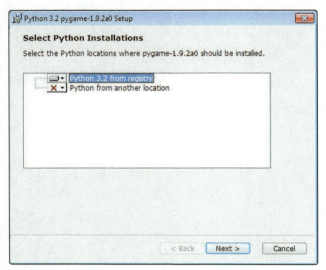

图 B-5 选择 "Python 3.2 from registry"

6）一旦完成了安装程序，我们点击 "Finish" 按钮退出，如图 B-6 所示。

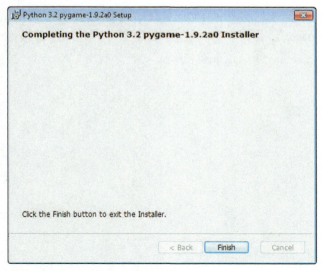

图 B-6 点击 "Finish" 按钮退出

7）我们打开 "Start▶Programs▶Python 3.2▶IDLE (Python GUI)"，如图 B-7

所示（在Windows 8及其以后的版本中，可以按下"Windows/Start"按钮打开Search工具并输入"IDLE"）。

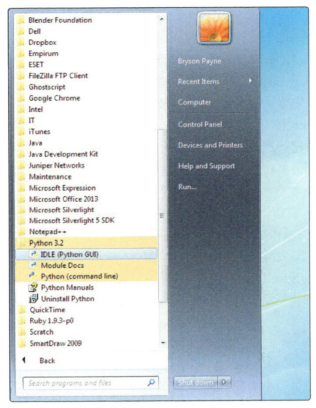

图 B-7　从开始菜单打开 IDLE

8）我们在Python shell编辑器中输入"import pygame"并按下回车键，Python shell应该会响应">>>"，如图B-8所示。如果是这样，那么我们就知道Pygame正确地安装并且可以使用了。

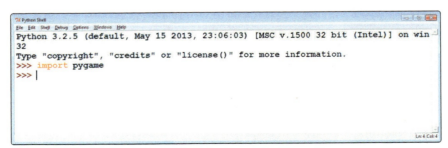

图 B-8　在 Python shell 中导入 Pygame

现在，我们已经准备好运行第8章到第10章的程序。快乐地编程吧！

B.2 Mac 下安装 Pygame

在 Mac 上安装 Pygame 比在 PC 上安装更为复杂一些。我们有3种选择。

1）如果要访问一台 Windows PC，我们可能会发现，要运行第8章到第10章程序的话，安装 Python 和 Pygame 的 Windows 版本更容易。如果我们选择了这个选项，按照附录 B 中步骤安装 Python。按照 B.1 节中的介绍安装 Pygame。

2）我们可能安装了 Python 的一个较早的版本，例如，Python 2.7.9，还有 Pygame 1.9.2 for OS X，来运行第8章到第10章的程序。安装 Python 2.7.9 和 Pygame 1.9.2，比针对 Python 3.4.2 安装 Pygame 要容易。但是，Python 2 和 3 之间有区别，对于第1章到第7章的程序，我们推荐使用 Python 3.4.2 以确保示例能够工作；对于第8章到第10章的程序，可以使用 Python 2.7 和 Pygame 1.9.2 来运行 Pygame 示例。如果选择这个选项，我们按照 B.2.1 节中的介绍进行。

3）要在 Mac 上为 Python 3.4 安装 Pygame，我们可参见 http://www.nostarch.com/teachkids/ 的在线说明。如果我们要在学校或公司这么做，那么肯定需要得到 IT 人员的支持，把在线的说明给 IT 人员作为指导。

Python 2.7 和 Pygame 1.9.2

新的 Mac 系统带有苹果公司作为 OS X 一部分而预装的 Python 2.7。但是，苹果公司所提供的 Python 版本可能不能和 Pygame 安装程序一起工作。我们建议在尝试安装 Pygame 之前，通过 http://python.org/ 安装 Python 2.7 的最新版。

1）要在我们的 Mac 上安装 Python 2.7，我们可以参见附录 A 中的 A.2 部分的介绍进行。但是这一次是下载并运行2.7安装程序（在编写本书的时候是2.7.9），而不是从 http://python.org/ 的 Mac 下载页面下载3.4.2安装程序，如图 B-9 所示。

2）Python 2.7 的安装过程应该和3.4的安装过程类似，继续按照附录 A 的 A.2 部分的步骤进行，直到完成安装。

3）我们检查 Applications 文件夹，现在，除了 Python 3.4 文件夹，应该还能够看到一个 Python 2.7 文件夹，如图 B-10 所示。

4）我们访问 http://pygame.org/ 找到 Downloads 页面，下载针对 Python 2.7 的 Pygame 1.9.2 安装程序：pygame-1.9.2pre-py2.7-macosx10.7.mpkg.zip。

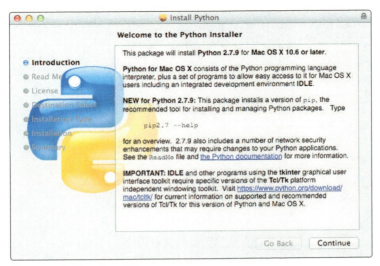

图 B-9　安装 Python 2.7

图 B-10　应该既有 Python 2.7 也有 Python 3.4

5）我们通过按住"control"键并点击文件运行Pygame安装程序，从出现的弹出菜单中选择"Open with▶Installer"。步骤和安装Python的步骤类似，我们点击几次"Continue"按钮，接受许可并且选择安装位置。当安装程序完成后，我们点击"Close"按钮。

6）要测试Pygame的安装，我们打开"Applications"文件夹，选择"Python 2.7"并且打开IDLE。在Python 2.7的IDLE中，我们输入"import pygame"，IDLE应该会返回">>>"，如图B-11所示。

7）我们可能得到如图B-12所示的一个弹出提示，表示需要安装X11，这是Pygame所使用的一个窗口系统。我们点击"Continue"访问XQuartz Web站点http://xquartz.macosforge.org/.下载"XQuartz-2.7.7.dmg"，打开该文件并且运行安装程序包。

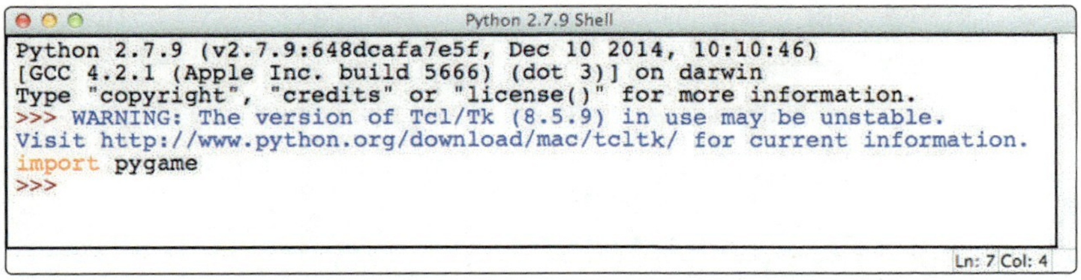

图 B-11　在 Python Shell 中导入 Pygame

图 B-12　点击 "Continue" 并安装 X11

8）要运行第8章到第10章中的Pygame程序，我们使用Python 2.7 IDLE而不是Python 3.4 IDLE。

注意　在带有 Retina 显示的新的 Mac 机上，使用 Pygame with Python 2.7 看上去会和在其他计算机上略有不同，因为 Retina 显示使用更高的屏幕分辨率。程序会看上去很好，但是，它们将会出现在一个较小的屏幕区域中。

B.3　Linux 下安装 Pygame

和在Mac上安装Pygame类似，在Linux上安装Pygame有两种选择。

1）我们可以安装Pygame for Python 2，Python的版本很可能是作为我们的Linux版本的一部分而预装的。对于第1章到第7章内容来说，我们需要安装Python 3，因此，按照附录A中的步骤并且使用该版本的IDLE运行前7章中的App。对于第8章到第10章，我们可以使用Pygame for Python 2来运行这些章中的Pygame示例。如果我们选择了这个选项，按照B.3.1节中的步骤进行即可。

2）要在Linux上安装Pygame for Python 3.4，我们可以参见http://www.nostarch.com/teachkids/的在线说明。如果在学校或公司，我们可能需要得到IT人员的支持，把在线说明给IT专职人员作为指南。

B.3.1　Pygame for Python 2

　　大多数Linux操作系统都已经安装了Python，通常是Python 2。第8章到第10章中基于游戏的App和图形化App，能够在Python的旧版本上很好地运行。如下的步骤将会启动Pygame并且在我们的Linux系统上运行它。

　　1）我们在Dash菜单中，找到"System Tools"并运行"Synaptic Package Manager"或我们的Linux版本的类似应用。图B-13展示了在Lubuntu上运行的包管理器。

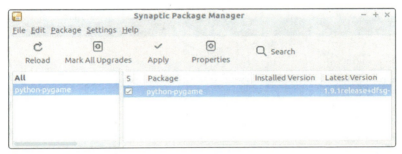

图 B-13　在 Linux 上安装 Pygame for Python 2

　　2）搜索"python-pygame"，我们在搜索结果中选中pythonpygame后面的复选框，点击"Apply"按钮完成安装。

　　3）我们运行"System Tools4Terminal"（或"XTerm"，或者我们的Linux版本上的一个类似应用）。我们可以通过在终端窗口中输入"python2"来启动Python 2，然后，在">>>"提示符后输入"import pygame"以测试我们的Pygame安装，如图B-14所示，Python应该会回复">>>"，这告诉我们Pygame已经成功地导入了。

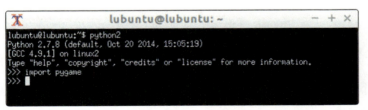

图 B-14　可以通过 Linux 命令行终端来测试 Pygame for Python 2 的安装

　　4）我们可以使用Software Center（在"Python for Linux"中介绍过）或图B-13中所示的"Synaptic Package Manager"来搜索并且安装IDLE for Python 2。在运行第8章到第10章中的Pygame App的时候，我们使用这个版本的IDLE。

附录 C

构建自己的模块

在整个本书中，我们已经导入了诸如 turtle、random 和 pygame 这样的模块到程序中，而且添加了用于绘图、生成随机数以及实现图形动画的函数，而不必再重新开始编写它们的代码。但是，你是否知道自己也可以编写模块并将其导入到自己的程序中？ Python 很容易构建自己的模块，以便保存有用的代码并将其用于众多的程序中。

要创建可以重用的模块，我们在IDLE文件编辑器窗口中编写模块，就像构建其他的程序文件一样，然后，将它保存为一个新的.py文件，使用模块名称作为文件名（例如，colorspiral.py可能是绘制彩色螺旋线的一个模块）。我们在模块中定义函数和变量，然后，要在另一个程序中重用它们，输入import和模块名称（例如，import colorspiral将允许程序使用colorspiral.py中的代码来绘制彩色的螺旋线）。要练习编写自己的模块，我们先创建一个真正的colorspiral模块并看看它如何避免让我们重新编写代码。

C.1　构建 colorspiral 模块

我们创建一个colorspiral模块，只要在程序中调用import colorspiral，就可以帮助我们快速地而容易地绘制螺旋线。在一个新的IDLE窗口中输入如下的代码并将其保存为 colorspiral.py。

colorspiral.py

```
❶ """A module for drawing colorful spirals of up to 6 sides"""
   import turtle
❷ def cspiral(sides=6, size=360, x=0, y=0):
❸     """Draws a colorful spiral on a black background.

       Arguments:
       sides -- the number of sides in the spiral (default 6)
       size -- the length of the last side (default 360)
       x, y -- the location of the spiral, from the center of the screen
       """
       t=turtle.Pen()
       t.speed(0)
       t.penup()
       t.setpos(x,y)
       t.pendown()
       turtle.bgcolor("black")
       colors=["red", "yellow", "blue", "orange", "green", "purple"]
       for n in range(size):
           t.pencolor(colors[n%sides])
           t.forward(n * 3/sides + n)
           t.left(360/sides + 1)
           t.width(n*sides/100)
```

这个模块导入了turtle模块并且定义了一个名为cspiral()的函数来绘制不同形状、大小和位置的彩色螺旋线。让我们看一下这个模块和我们编写过的其他程序之间的区别。首先，❶处有一条称为文档字符串（docstring）的特殊注释。文档字符串是我们想要复用或与其他人分享文件的一种方式；在Python中，模块应该使用文档字符串来帮助未来的用户理解模块是做什么的。文档字符串通常是一个模块或函数中的第一句并且每个文档字符串都以三个双引号开头和结束（连续的三个双引号"""，之间没有空格）。在文档字符串之后，我们导入turtle模块，是的，在自己的模块中也可以导入模块。

在❷处，我们定义了一个名为cspiral()的函数，它接受4个参数（sides、size、*x*和*y*），分别表示螺旋线中的边数、螺旋线的大小、螺旋线从海龟屏幕中心开始的（*x*, *y*）位置。cspiral()函数的文档字符串从❸处开始，这个多行的文档字符串提供了有关函数的更多具体信息。文档字符串的第1行以3个双引号开头并且整体地描述该函数。接下来是一个空白行，后面跟着函数接受的参数的列表。有了这个文档，将来的用户可以很容易地了解该函数要接受哪些参数以及每个参数的含义是什么。该函数剩下的部分是绘制一个彩色的螺旋线的代码，类似于第2章、第4章和第7章中的代码。

C.1.1　使用 colorspiral 模块

一旦完成了colorspiral.py并保存了它，我们可以将它作为一个模块导入到另一个程序中使用。我们在IDLE中创建一个新的文件并将其保存为MultiSpiral.py，保存在和colorspiral.py相同的文件夹中。

MultiSpiral.py

```
import colorspiral
colorspiral.cspiral(5,50)
colorspiral.cspiral(4,50,100,100)
```

这3行程序会导入我们所创建的colorspiral模块并且使用该模块的cspiral()函数在屏幕上行绘制两条螺旋线，如图C-1所示。

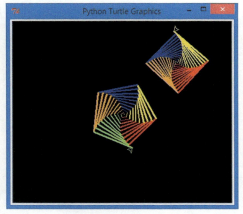

图 C-1　3行程序通过调用 colorspiral.py 模块创建了两条彩色的螺旋线

使用colorspiral模块，任何时候，只要一个程序员想要创建彩色的螺旋线，他只需要导入该模块并调用colorspiral.cspiral()就可以了。

C.1.2　重用 colorspiral 模块

让我们重用colorspiral模块来绘制30个随机的、彩色的螺旋线。要做到这一点，我们要导入前面使用过的另一个模块random。我们在IDLE的一个新窗口中输入如下的8行代码并且将文件保存为SuperSpiral.py。

SuperSpiral.py

```
import colorspiral
import random
for n in range(30):
    sides = random.randint(3,6)
    size = random.randint(25,75)
    x = random.randint(-300,300)
    y = random.randint(-300,300)
    colorspiral.cspiral(sides, size, x, y)
```

该程序以两条语句开始：一条导入我们创建的colorspiral模块，另一条导入我们曾经在整个本书中使用过的random模块。这个for循环将运行30次。循环将产生4个随机的值，分别作为边数（在3到6之间）、螺旋线的大小（25到75之间）以及在屏幕上绘制螺旋线的x坐标和y坐标，在（−300，−300）和（300，300）之间（还记得吧，海龟的原点（0，0）位于绘制屏幕的中心）。最后，每次执行循环的时候，我们调用模块中的colorspiral.cspiral()函数，使用循环所产生的随机属性来绘制一条彩色的螺旋线。

尽管这个程序只有8行代码，但它产生了如图C-2所示的令人吃惊的图形。

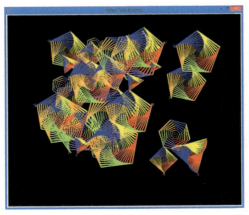

图 C−2　colorspiral 模块允许 SuperSpiral.py 只用 8 行代码生成一幅可爱的、多条螺旋线的图片

创建可重用的模块的能力，意味着我们能够花更多的时间来解决新的问题而不必在重新编写之前的解决方案。无论何时，当我们构建一个有用的函数或一组想要重复使用的函数的时候，都可以创建一个模块供自己使用，或者与其他的程序员朋友分享。

C.2 附加资料

位于http://docs.python.org/3/的Python官方文档给出了关于模块和Python语言的更多信息。位于http://docs.python.org/3/tutorial/modules.html 的Python Tutorial，有关于模块的专门的一节。随着我们不断学会新的Python编程技能，我们可以利用这些资源来增加自己的炫酷工具集合。

术语表

在学习编程的过程中，我们碰到的很多术语，都是日常用到的单词，已经都理解了。然而，有一些术语是全新的并且可能对计算机程序员来说有特殊的含义。这个术语表定义了一些我们在本书中遇到的新的术语以及那些在编程的世界中具有新的含义的熟悉的单词。

algorithm（算法） 执行一项任务（例如，一个菜谱）的一组步骤。

animation（动画） 类似的图像一幅接着一幅快速地显示造成的移动错觉，就像在卡通片中一样。

App application的缩写，是做一些有用（或有趣）的事情的一个计算机程序。

append（添加） 在末尾添加一些内容，例如，把字母添加到一个字符串末尾，或者把元素添加到一个列表或数组的末尾。

argument（参数） 传递给函数的一个值，在语句range(10)中，10就是一个参数。

array（数组） 值或者对象的一个有序列表，通常具有相同的类型，通过索引（index）或者它们在列表中的位置来访问它们。

Assignment（赋值） 设置一个变量的值，例如，在x=5中，它将值5赋给变量x。

block（语句块） 一组编程语句。

Boolean（布尔类型） 可以是真或假的一个值或表达式。

class（类） 定义该类型的任何对象所包含的函数和值的一个模板。

code（代码） 程序员使用计算机能够理解的一种语言编写的语句或指令。

collision detection（碰撞检测） 检查两个虚拟的对象是否在屏幕上接触（或碰撞），例如，Pong中的球和挡板。

concatenate（连接） 将两个文本字符串组合成一个单个的字符串。

conditional expression（条件表达式） 允许计算机测试一个值并根据测试结果执行不同的操作的一条语句。

constant（常量） 计算机程序中一个具有名称的值，其中的值始终是相同的，例如math.pi (3.1415...)。

declaration（声明） 告诉计算机一个变量或函数名的含义的一条语句或一组语句。

element（元素） 列表或数组中的一个单个的项。

event（事件） 计算机可以检测的一项活动，例如，一次鼠标点击、值的改变、按下键盘、定时器计时等。负责响应时间的语句或函数叫作事件处理程序（event handler）或事件监听器（event listener）。

expression（表达式） 产生一个值或结果的任何有效的值、变量、操作符和函数的组合。

file（文件） 计算机在某种存储设备上（例如，硬盘、DVD或USB硬盘）

上存储的数据和信息的一个集合。

for loop（for循环） 允许一个代码块重复给定范围的次数的一条编程语句。

frame（帧） 动画、视频或计算机图形的一个移动序列中的一个单个的图像。

frames per second (fps) 帧速率 在一个动画、电子游戏或电影中，图像绘制到屏幕上的速率或速度。

function 执行一项特定的任务的一组命名的、可重用的编程语句。

import（导入） 从一个程序或模块中，将可重用的代码或数据引入到另一个程序中。

index（索引） 一个列表或数组中的一个元素的位置。

initialize（初始化） 给定一个变量或对象其最初的或初始的值。

input 在计算机中输入的任何数据或信息；输入可以来自于一个键盘、鼠标、麦克风、数码相机或者任何其他的输入设备。

iterative versioning（版本迭代） 对一个程序重复地进行较小的修改或改进，并将其保存为一个新的版本，例如Game1、Game2等。

keyword（关键字） 在特定的编程语言中有某种含义的一个特殊的、保留的单词。

list（列表） 有序的一组值或对象的一个容器。

loop（循环） 重复执行直到满足某一个条件为止的一组指令。

module（模块） 相关的变量、函数和类的一个文件或一组文件，可以在其他程序中重用。

nested loop（嵌套循环） 位于一个循环中的循环。

object（对象） 包含了和一个类的单个实例相关的信息的一个变量，例如，Sprite类的一个单个的精灵。

operator（操作符） 表示一次操作或比较并返回一个结果的一个符号或一组符号，例如，+、−、*、//、<、>和==等。

parameter（参数） 一个函数的输入变量，在函数定义中指定。

pixel（像素） picture element的缩写，在计算机屏幕上组成图像的最小的彩色点。

program（程序） 用计算机能够理解的一种语言编写的一组指令。

pseudorandom（伪随机） 序列中的一个值，看似是随机的和不可意料的，而且它的随机性足够模拟掷骰子和抛硬币。

random numbers（随机数） 在某个范围内平均分布的一个不可预期的数字序列。

range（范围） 在一个已知的起点值和终点值之间的一组有序的值，在Python中，range函数返回值的一个序列，例如，从0 ~ 10。

RGB color（RGB颜色） red-green-blue color的缩写，这是通过表示红色、绿色和蓝色光的量，从而能够混合以重新生成每种颜色的一种方式。

shell 一个基于文本的命令行程序，它从用户那里读取命令并运行它们；IDLE是Python的shell。

sort（排序） 将一个列表或数组的元素按照某种顺序放置，例如，按照字母的顺序。

string（字符串） 字符的一个序列，可以包括字母、数字、符号、标点和空格。

syntax（语法） 编程语言的拼写和语法规则。

transparency（透明度） 在图中，能够透过图像看过去的能力。

variable（变量） 在计算机程序中，这是一个命名的值，值是可以修改的。

while loop（while循环） 一条编程语句，只要一个条件为真，就允许一个代码块重复。